建筑装配式混凝土结构监理技术

魏中华　主编

中国建筑工业出版社

图书在版编目（CIP）数据

建筑装配式混凝土结构监理技术 / 魏中华主编. —
北京 ：中国建筑工业出版社，2022.3（2022.11重印）
ISBN 978-7-112-27013-2

Ⅰ. ①建… Ⅱ. ①魏… Ⅲ. ①装配式混凝土结构-建
筑施工-监理工作 Ⅳ. ①TU37

中国版本图书馆 CIP 数据核字（2021）第 269752 号

本书是在长期监理工作经验基础上总结和提炼而成，按流程顺序介绍了装配式混凝土结构监理技术，内容包括预制装配式混凝土建筑简介、预制装配式混凝土建筑施工前期监理工作、预制装配式混凝土构件驻厂监理技术、预制装配式混凝土建筑现场施工监理技术、预制装配式混凝土建筑安全监理技术，以及预制装配式混凝土建筑工程技术资料管理。本书内容完整，从装配式建筑监理的角度出发，在总结以往监理经验的同时，对其进行介绍与解读。本书对装配式监理工作具有指导性意义，可操作性强。

责任编辑：段 宁 张伯熙 戚琳琳
责任校对：芦欣甜

建筑装配式混凝土结构
监理技术
魏中华 主编
*
中国建筑工业出版社出版、发行（北京海淀三里河路 9 号）
各地新华书店、建筑书店经销
北京鸿文瀚海文化传媒有限公司制版
北京建筑工业印刷厂印刷
*
开本：787 毫米×1092 毫米 1/16 印张：7 字数：167 千字
2022 年 6 月第一版 2022 年11月第二次印刷
定价：**38.00** 元
ISBN 978-7-112-27013-2
（38557）

本书编委会

主　　编： 魏中华

副 主 编： 程立明　黄文雄

主　　审： 王海江

编　　委： 王　磊　程琼武　李华祥　沈忠新　杨远志　尹　颖　张　明　吴宗厚　吴波源　杨　琦　刘菊珍　黄焱杰　张盼盼　徐英祥

编写单位： 武汉中建工程管理有限公司

公司简介

武汉中建工程管理有限公司（简称“中建管理”）成立于2004年9月，是世界500强上市企业中国建筑股份有限公司旗下骨干企业——中国建筑第三工程局有限公司（中建三局）下属的全资子公司。公司现有房屋建筑工程、市政公用工程监理甲级，机电工程、人防工程监理乙级和招标代理等资质，通过质量管理体系、环境管理体系及职业健康安全管理体系认证。现为湖北省先进监理企业、武汉市工程监理先进单位、武汉市五星级工程监理企业、武汉市AAA信誉企业。

公司主要从事建设工程监理、项目管理、工程咨询、设计咨询与管理、第三方评估、工程代建等业务。业务范围以武汉为中心，面向全国。服务的工程建筑面积超过5000万m^2（其中装配式混凝土建筑工程监理面积超过100万m^2），工程总投资额超过1500亿元人民币。先后和万科、中建地产、中海、龙湖、世茂、金地、万达等知名企业保持长期良好的合作关系。所监理的工程中，获得省部级以上荣誉一百余项。其中，中建光谷之星荣获2020年度鲁班奖，武汉万科城荣获2015年度鲁班奖，南昌恒茂国际华城16号楼荣获2009年度鲁班奖，武汉1818中心荣获2019年国家优质工程奖，武汉航天双城8号、9号和10号楼荣获2010年中国土木工程詹天佑奖优秀住宅小区金奖，万科魅力之城荣获2012年度广厦奖。

中建管理拥有雄厚的人才优势、技术实力和管理经验，现有各类专业人才500余名，其中专家顾问30人，各类国家注册人员150余名。

面对新形势，立足新常态。在挑战与机遇并存的今天，公司将继续秉承“敢为天下先，永远争第一”的企业精神，以“精细规范，品质服务”为宗旨，以“服务品质最好、企业管理最优、最受业主信赖”为愿景，持续推进业务转型升级，努力将公司打造成为业内最具竞争力的工程管理和咨询强企。

前 言

近年来，我国城市化进程不断加快，环保节能、建筑安全生产要求也不断提高，在国家与地方政府的推动下，建筑装配式得到迅猛发展。装配式建筑是建造方式的重大变革，是由传统建造方式向工业化建筑发展的必然趋势。

目前，虽然国家先后出台了一系列鼓励文件来推动住宅建筑工业化的发展。然而，我国住宅建筑工业化自 1980 至 2010 年存在近 30 年的空档期，很多标准体系、技术文件、制度都不够完善，装配式建筑逐渐表现出人民日益增长的对工程品质的需求与工程施工监理知识和技术的缺乏之间的矛盾。

鉴于此，本书结合长期监理工作经验基础上总结和提炼而成，按流程顺序介绍了装配式混凝土结构监理技术，内容包括预制装配式混凝土建筑简介、预制装配式混凝土建筑施工前期监理工作、预制装配式混凝土构件驻厂监理技术、预制装配式混凝土建筑现场施工监理技术、预制装配式混凝土建筑安全监理技术，以及预制装配式混凝土建筑工程技术资料管理。本书主要基于监理工作内容，从装配式建筑监理的角度出发，全面梳理了装配式监理技术，旨在为适应装配式建筑的发展，总结管理经验，推广装配式建筑，提供具有一定基础性、系统性的行业经验总结。在总结以往监理经验的同时，向装配式监理工作经验薄弱的读者进行介绍与解读，对装配式监理工作具有指导意义，可操作性强。编制本书，也表现了本书编委会愿协助推动装配式建筑发展，贡献监理人的力量。

目 录

第1章 预制装配式混凝土建筑简介

1.1 装配式建筑发展历史

1.1.1 国外住宅工业化发展概况

第二次世界大战后西方国家的建筑工业化发展已有数十年的历史，都是以住宅产品的研发开始。法国是世界上推行装配式建筑最早的国家之一，法国装配式建筑的特点是以预制装配式混凝土结构为主，钢结构、木结构为辅。法国的装配式住宅多采用框架或者板柱体系，焊接、螺栓连接等均采用干法作业，结构构件与设备、装修工程分开，减少预埋，生产和施工质量高。法国主要采用的预应力混凝土装配式框架结构体系，装配率可达80%。

德国的装配式住宅主要采取叠合板、现浇混凝土、剪力墙结构体系，采用构件装配式与混凝土结构，耐久性较好。德国是世界上建筑能耗降低幅度最快的国家，近几年更是提出发展零能耗的被动式建筑。从大幅度的节能到被动式建筑，德国都采取了装配式住宅来实施，装配式住宅与节能标准相互之间充分融合。

1976年，美国国会通过了国家工业化住宅建造及安全法案，目前美国住宅建筑工业化的特点是用构件和部品的标准化、系列化、专业化、商品化和社会化程度很高，几乎达到100%。

新加坡建筑发展局为了适应大量的建筑生产需要，于1981年推广应用了工业化建筑方法。新加坡建筑工业化发展，已经推行了很多年。现阶段住宅多采用建筑工业化技术加以建造，新加坡开发出15～30层的单元化的装配式住宅，占全国总住宅数量的80%以上。通过平面的布局，部件尺寸和安装节点的重复性来实现标准化，相互之间配套融合，装配率达到70%。

日本于1968年就提出了装配式住宅的概念，1990年推出采用部件化、工业化生产方式、高生产效率、住宅内部结构可变、适应居民多种不同需求的中高层住宅生产体系，并且每一个五年计划都有明确的促进住宅产业发展和性能品质提高方面的政策和措施。政府强有力的干预和支持对住宅产业的发展起到了重要作用。目前日本木结构占比超过40%；多高层建筑施工目前普遍采用PC（LRV）工法（Left Right Vertical Installation Pca Method）施工技术，该工法主要强调部件之间的安装工艺，其建筑构（配）件是以工厂流水线集中生产制造、现场拼装为主。

1.1.2　国内住宅建筑工业化发展概况

我国的建筑工业化发展始于 20 世纪 50 年代，1960—1980 年是我国装配式住宅建筑的持续发展期，尤其是从 20 世纪 70 年代开始，我国多种装配式建筑结构体系得到了快速的发展。但是我国的装配式住宅建筑在 80 年代后期由于种种原因突然停滞并很快走向消亡，住宅建筑转向了现浇混凝土结构。然后时隔 30 多年，装配式又重新在我国兴起。

2016 年，国务院常务会议决定大力发展装配式建筑，推动产业结构调整升级。按照推进供给侧结构性改革和新型城镇化发展的要求，大力发展钢结构、混凝土等装配式建筑，具有发展节能环保、提高建筑安全水平、推动化解过剩产能等一举多得之效。用适用、经济、安全、绿色、美观的装配式建筑发展方式转变、提升群众生活品质。

在国家与地方政府的支持下，我国装配式建筑结构体系重新迎来发展契机，我国现阶段各区域住宅建筑工业化的发展很不平衡。目前主要分为全装配式混凝土结构体系、部分构件预制装配式混凝土结构体系和预制装配式钢结构体系。

1.2　预制装配式混凝土建筑特点

全装配式混凝土结构体系住宅现在也简称为全 PC 住宅楼，是目前住宅工业化程度比较高的一种。建筑构（配）件以工厂流水线集中生产制造、现场拼装为主。如混凝土结构中的柱、梁等承重构件均为工厂分段集中制造，现场吊装，接头处预留孔，钢筋插入后注浆；楼面板采用叠合板模式，工厂预制大跨度预应力板，在柱、梁安装固定后安装预应力板，在预应力板上绑扎钢筋网，板筋与梁上部钢筋锚固成一体，再浇筑混凝土；外墙分单元在工厂加工，外墙装饰面一同加工完成，现场拼装，通过预留钢板焊接固定，接缝处用胶条或注胶进行封堵，外墙装修与结构施工基本同步完成。内墙普遍采用高强度石膏板轻质墙，石膏板隔墙固定在框架梁、柱及安装的角钢骨架上，安装管线普遍采用在结构面明设、通过装饰层隐蔽的方式；精装修墙面、顶棚以墙纸为主，地面采用复合地板，厨卫间由成品厨卫工厂集中生产、现场安装。现场基本无湿作业，工厂化程度高，也是未来工业化住宅的发展趋势。

部分构件预制混凝土结构体系，工业化程度没有装配式混凝土结构体系高。但目前是应用最广的一种体系，我国各大知名地产商比如万科、绿城等比较偏好这类体系。这类体系一般竖向受力结构采用现浇，飘窗、楼梯、阳台和空调板采用预制构件，有时候也采用叠合板。这种体系施工难度较低，成本增加不多，成品质量较好。

预制装配式钢结构体系，国内目前比较出名的就是远大可建公司以一天 3 层的速度、19 天建起一栋 57 层的高楼，远超当年的深圳速度，现场装配没有现浇混凝土这个程序，只需要“拧螺丝”，所以速度很快。这样的神速源自工厂化的建筑方式，工厂化建筑又称工业化建筑，是把盖房子需要的模块，如楼板、墙板、配件等在工厂做好，再运到现场像搭积木一样组装起来，用大型起重机吊运、安装各个模块。但是目前钢结构住宅的防火、防腐、防渗漏问题还没得到根本解决，建造成本也增加太多，所以目前应用并不是很广泛。

1.3 预制装配式混凝土建筑优点

建筑产业现代化是以现代化的制造、运输、安装和科学管理的大工业的生产方式，代替传统建筑业中分散的、低水平的、低效率的手工业生产方式。工业化建筑是近年来国家提倡绿色住宅新理念下催生的一种新型建筑模式，其核心为预制装配式建筑的开发建设和建筑生产方式的变革，以实现建设的高效率、高品质，节省人工，降低资源消耗和对环境的影响，具有显著的经济效益和社会效益。装配式建筑是国家和地区社会经济发展到一定水平的必然选择，也是我国建筑发展的必由之路。

装配式建筑是指用标准化设计、工业化生产、装配式施工和信息化管理方式建造房屋，含有制造业的属性。推进装配式建筑有利于节水、节能、节地、节材，与传统现浇方式相比，具有工期缩短、人工成本下降、质量通病减少、能源消耗降低、建筑垃圾减排等诸多优点，经济效益、社会效益和环境效益十分显著，因此拥有广阔的发展空间和市场前景。装配式建筑有以下优点。

1.3.1 功能多样化

现场大量的装配作业，而原始现浇作业大大减少，提高了生产效率，节约了成本。装配式建筑外墙设计有保温的功能，能够让住户在冬天的时候感觉到温暖，在夏天的时候感觉到清凉，节约了空调的使用次数，减少了对空气的污染；其墙体和门窗的密封功能足够强大，可以隔掉许多来自外界的嘈杂声；装配式建筑的特殊材料可以给人们提供安全舒适的居住环境，不容易在干燥的天气下自燃，虽然外观不是特别豪华，但是长期使用不会出现裂缝、变黄等问题，在地震出现时，建筑的稳固性不容易使房屋倒塌。

1.3.2 施工装配化

大量的建筑产品是由车间生产加工完成，构件种类主要有：外墙板、内墙板、叠合板、阳台、空调板、楼梯、预制梁、预制柱等，其精密性符合国家的质检标准。装配式建筑采用建筑、装修一体化设计、施工等程序，理想状态是装修可随主体施工同步进行。并且，因为装配式建筑的重量比普通的建筑更为轻便，人们只要画好基本的构造图便可以直接在工地上进行施工，装配式建筑的施工速度非常快，让住户在短时间内就可以居住，现场施工的噪声小，不会影响周围居民的休息。

1.3.3 设计多样化

符合绿色建筑的要求，而且设计标准化，管理信息化。构件越标准，生产效率越高，相应的构件成本就越会下降，配合工厂的数字化管理，整个装配式建筑的性价比会越来越高。而且，目前的建筑在设计上多以房间内的固定格局为主，房屋的整体运用不是很灵活，装配式建筑却可以避免这样的缺点，其主要住宅可以进行大小分割，根据住户的需求进行设计。

1.3.4　保证工程质量

传统的现场施工受限于工人素质参差不齐，质量事故时有发生。而装配式建筑构件在预制工厂生产，生产过程中可对温度、湿度等条件进行控制，构件的质量更容易得到保证。

1.3.5　降低安全隐患

传统施工大部分是在露天作业、高空作业，存在极大的安全隐患。装配式建筑的构件运输到现场后，由专业安装队伍严格遵循流程进行装配，大大提高了工程质量，并降低了安全隐患。

1.3.6　提高生产效率

装配式建筑的构件由预制工厂批量采用钢模板生产，减少脚手架和模板数量，因此生产成本相对较低，尤其是在生产形式较复杂的构件时，优势更为明显，同时省掉了相应的施工流程，大大提高了生产效率。

1.3.7　降低人力成本

目前，我国建筑行业劳动力不足，技术人员缺乏，工人整体年龄偏大，成本攀升，导致传统施工方式难以为继。装配式建筑由于采用预制工厂施工和现场装配施工，机械化程度高，大幅度减少现场施工及管理人员数量，从而提高了劳动生产率，节省了人工费。

1.3.8　节能环保，减少污染

装配式建筑循环经济特征显著，由于采用的钢模板可循环使用，节省了大量脚手架和作业模板，节约了木材资源。此外，由于构件在工厂生产，现场湿作业少，大大减少了噪声和扬尘，对环境影响较小。

1.3.9　模数化设计，延长建筑寿命

装配式建筑进行建筑设计时，首先对户型进行优选，在选定户型的基础上进行模数化设计和生产。这种设计方式在很大程度上提高了生产效率，对大规模标准化建设尤为适合。此外，由于采用灵活的结构形式，住宅内部空间可进一步改造，延长了住宅使用寿命。

第2章

预制装配式混凝土建筑施工前期监理工作

2.1 图纸深化监理审查要点

《装配式混凝土结构技术规程》JGJ 1—2014 中对装配式混凝土结构的定义为，由预制混凝土构件或部分通过各种可靠的连接方式装配而成的混凝土结构，包括装配整体式混凝土结构、全装配混凝土结构等。定义所述的可靠连接方式，既对关键节点构造提出了较高的要求，也是监理图纸深化审查的重要工作。

2.1.1 常用节点构造

根据结构形式，将常用常见的节点构造分为框架结构节点构造、剪力墙结构节点构造。

1. 框架结构节点构造

根据《预制预应力混凝土装配整体式框架结构技术规程》JGJ 224—2010 中的相关规定，预制预应力混凝土装配整体式框架结构为采用预制或现浇钢筋混凝土柱、预制预应力混凝土叠合梁板，通过键槽节点连接形成的装配整体式框架结构。通俗来讲，即全部或部分框架梁、柱采用预制构件建成的装配整体式混凝土结构。框架结构连接点示意图见图 2.1-1。

图 2.1-1 框架结构连接节点示意图

1）叠合框架梁构造

框架梁的后浇混凝土叠合层厚度不宜小于 150mm，次梁的后浇混凝土叠合层厚度不宜小于 120mm；当采用凹口截面预制梁时，凹口深度不宜小于 50mm，凹口边厚度不宜小于 60mm，见图 2.1-2。

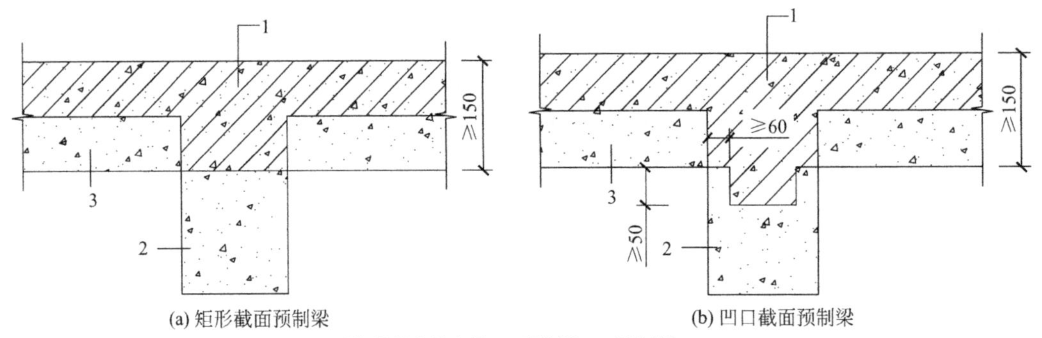

图 2.1-2　预制叠合梁构造（mm）

框架结构中梁、板叠合受弯构件可采用不同的形式，截面形式详见图 2.1-3 至图 2.1-6。

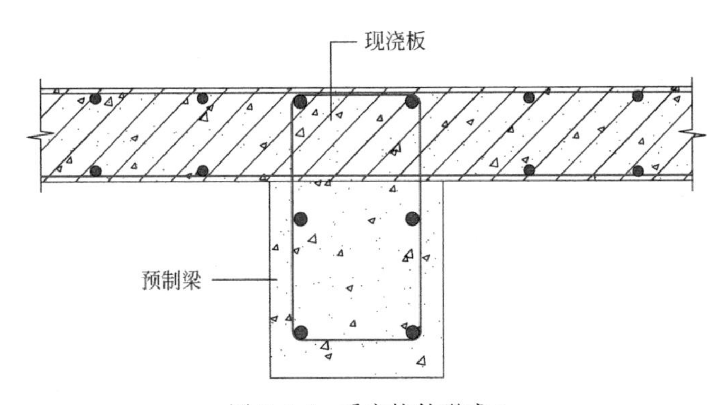

图 2.1-3　受弯构件形式 1

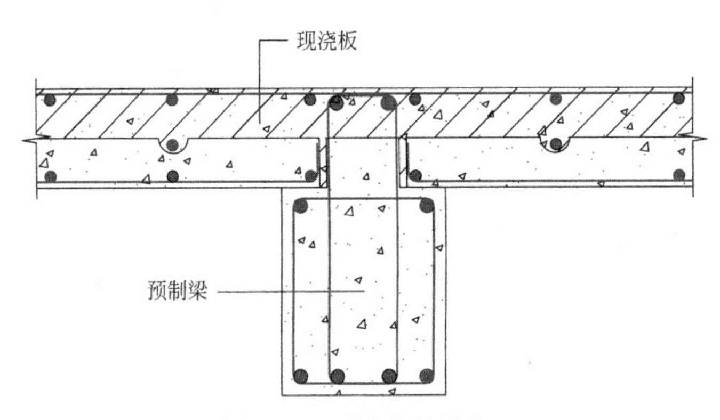

图 2.1-4　受弯构件形式 2

2）叠合梁的箍筋配置

（1）抗震等级为一、二级的叠合框架梁的梁端箍筋加密区宜采用整体封闭箍筋（图 2.1-7）。

（2）采用组合封闭箍筋的形式（图 2.1-8）时，现场应采用箍筋帽封闭开口箍。开口

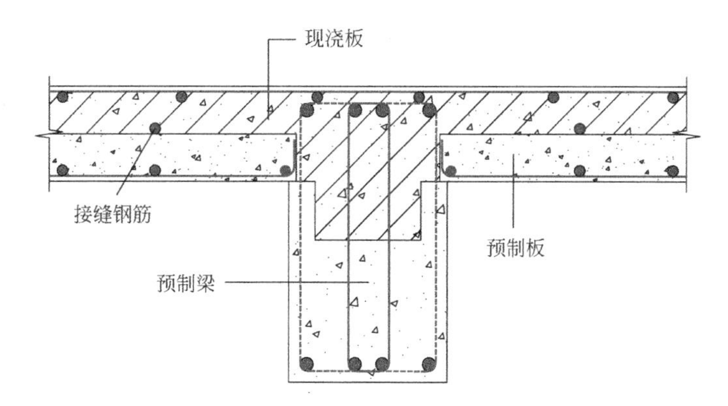

图 2.1-5　受弯构件形式 3

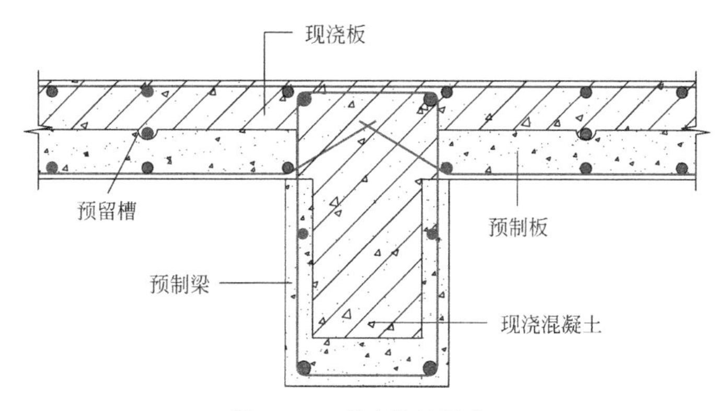

图 2.1-6　受弯构件形式 4

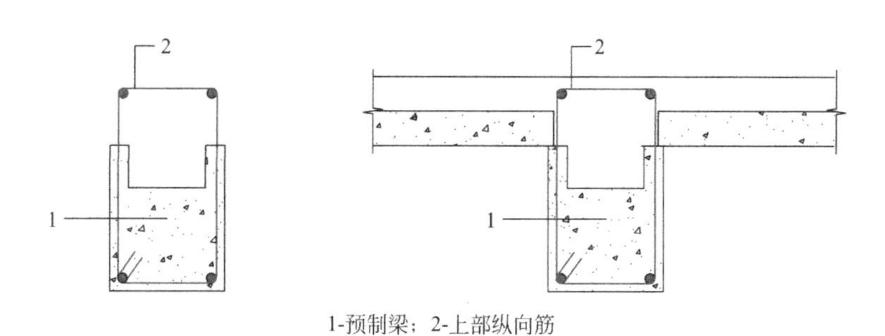

1-预制梁；2-上部纵向筋

图 2.1-7　整体封闭箍筋

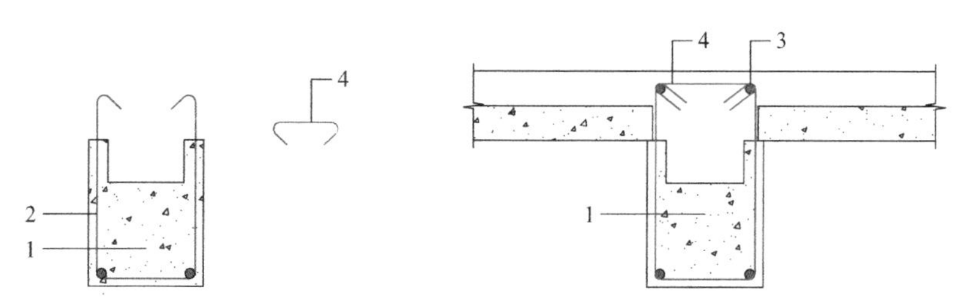

1-预制梁；2-开口箍筋；3-上部纵向筋；4-箍筋帽

图 2.1-8　组合封闭箍筋

箍筋上方应做成 135°弯钩；抗震设计时，弯钩端头平直段长度不应小于 10d（d 为箍筋直径）；非抗震设计时，平直段长度不应小于 5d（d 为箍筋直径）。

3）叠合梁后浇连接节点（图 2.1-9）。

（1）叠合梁可采用对接，连接处应设置后浇段。

（2）梁下部纵向钢筋在后浇段内宜采用机械连接、套筒灌浆连接或焊接连接。

（3）后浇段内的箍筋应加密，间距不应大于 5d（d 为纵向钢筋直径），且不应大于 100mm。

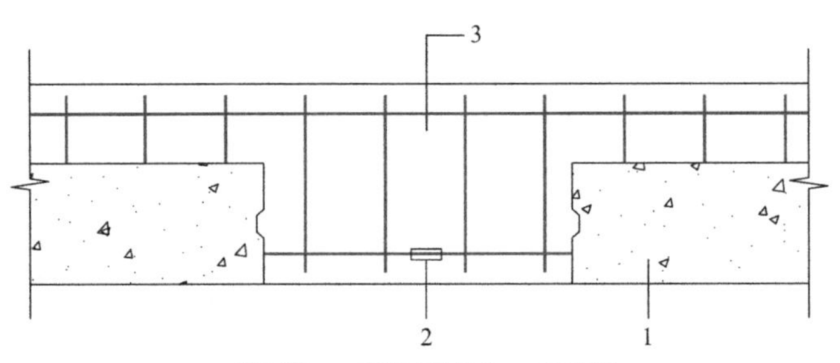

1-预制梁；2-钢筋连接接头；3-后浇段

图 2.1-9　叠合梁连接节点示意图

4）主梁与次梁连接节点

（1）端部节点：次梁下部纵向钢筋应伸入主梁后浇段内不小于 12d（d 为纵向钢筋直径）。次梁上部纵向钢筋应在主梁后浇段内锚固。当采用弯折锚固或锚固板时，锚固直段长度不应小于 0.6l_{ab}；当钢筋应力不大于钢筋强度设计值的 50%时，锚固直段长度不应小于 0.35l_{ab}，见图 2.1-10。

基本锚固长度：$l_{ab}=0.14\ (f_y/f_t)\ d$（螺纹钢筋）

—f_y 钢筋抗拉强度设计值

—f_t 混凝土轴心抗拉强度设计值

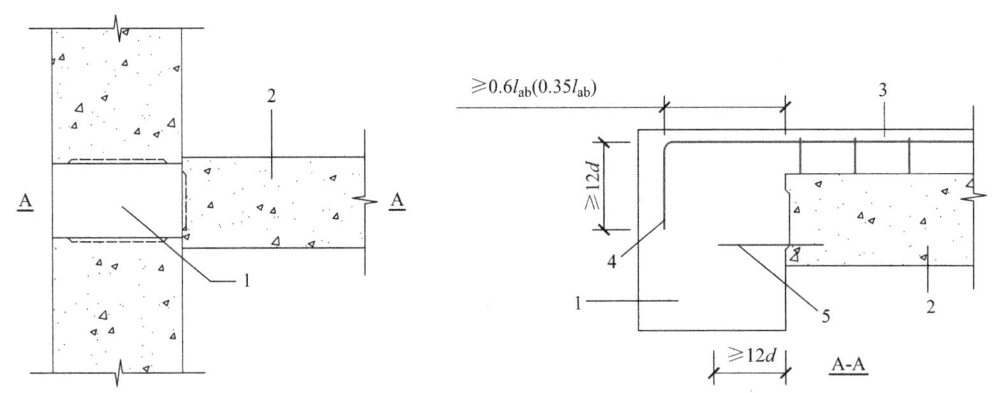

1-主梁后浇段；2-次梁；3-后浇混凝土叠合层；4-次梁上部纵向钢筋；5-次梁下部纵向钢筋

图 2.1-10　端部节点图

（2）中间节点：两侧次梁的下部纵向钢筋伸入主梁后浇段不小于 12d（d 为纵向钢筋直径）；次梁上部纵向钢筋应在现浇层内贯通，见图 2.1-11。

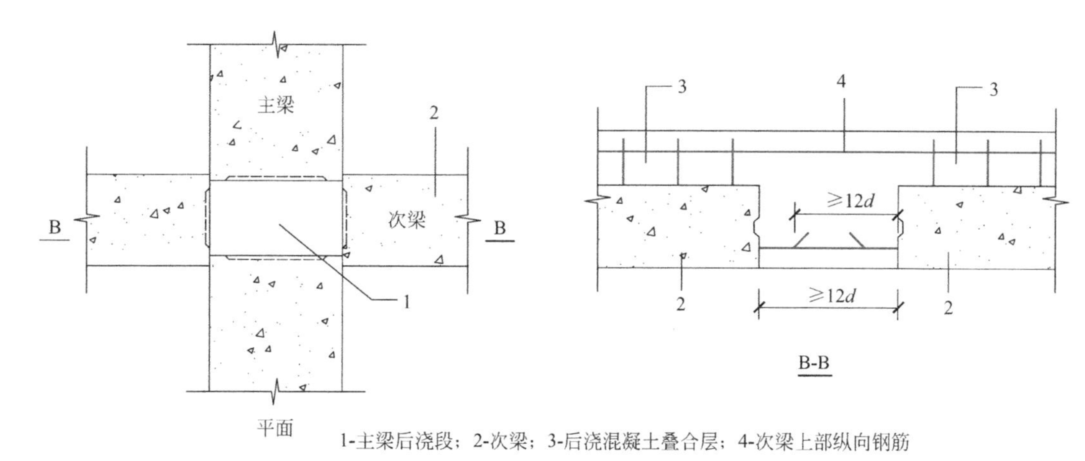

1-主梁后浇段；2-次梁；3-后浇混凝土叠合层；4-次梁上部纵向钢筋

图 2.1-11　中间层节点图

5）预制柱柱底灌浆节点构造

预制柱钢筋套筒灌浆连接框架柱纵向受力钢筋在柱底采用套筒灌浆连接时，柱箍筋加密区长度不应小于纵向受力钢筋连接区域长度与 500mm 之和；套筒上端第一道箍筋距离套筒顶部不应大于 50mm，见图 2.1-12。

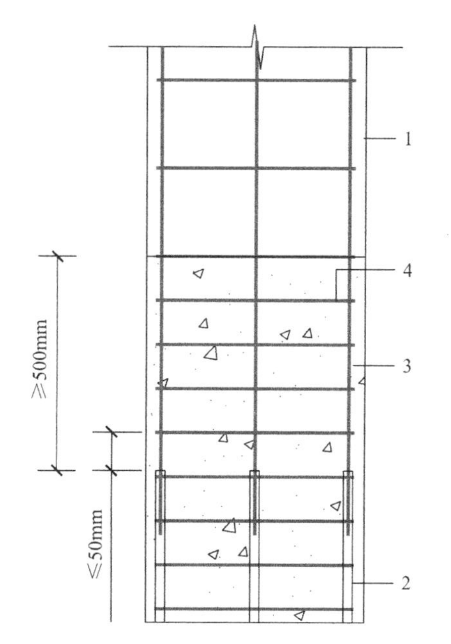

1-预制柱；2-套筒灌浆连接接头；
3-箍筋加密区(阴影区域)；4-加密区箍筋

图 2.1-12　预制柱柱底灌浆节点图

6）预制柱上、下柱节点构造

需待下柱、相连的叠合梁节点区的后浇混凝土完成后再进行框架预制柱向上接长，接缝构造示意图见图 2.1-13。

柱底接缝宜设置在楼面标高处，并应符合下列规定：

（1）后浇节点区混凝土上表面应做成粗糙面。

（2）柱纵向受力钢筋应贯穿后浇节点区。

（3）柱底接缝厚度宜为 20mm，并应采用灌浆料填实。

7）预制柱与叠合梁的连接

（1）框架中间层中节点。梁下部纵向受力钢筋应伸入后浇节点区，采用锚固（图 2.1-14），或机械连接，或焊接连接（图 2.1-15）。梁的上部纵向受力钢筋应贯穿后浇节点区。

（2）框架中间层端节点。当柱截面尺寸不满足梁纵向受力钢筋的直线锚固要求时，宜采用锚固板锚固，也可采用 90°弯折锚固，见图 2.1-16。

（3）框架顶层中节点。柱纵向受力钢筋宜采用直线锚固；当梁截面尺寸不满足直线锚固要求时，宜采用锚固板锚固，见图 2.1-17。

（4）框架顶层端节点

① 梁下部纵向受力钢筋且宜采用锚固板锚固。

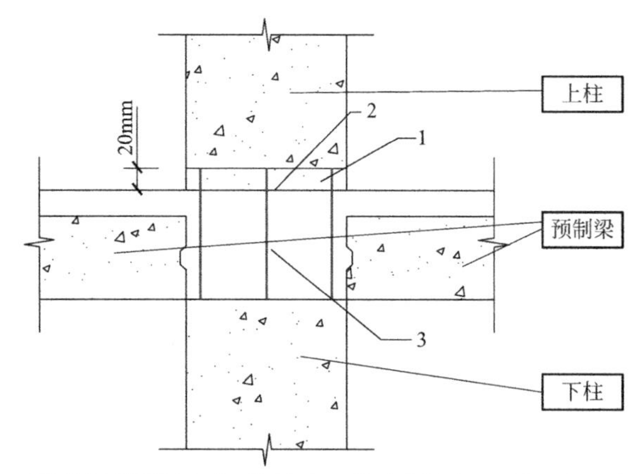

1-后浇节点区混凝土上表面粗糙面；2-接缝灌浆层；3-后浇混凝土区

图2.1-13　接缝构造示意图

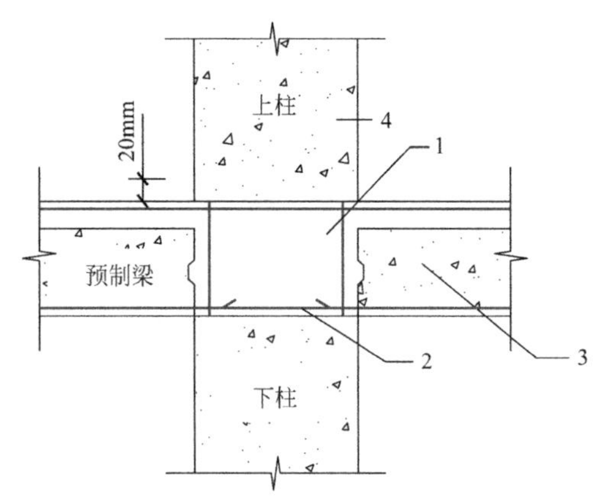

1-后浇区；2-梁下部纵向受力钢筋锚固；3-预制梁；4-预制柱

图2.1-14　框架中间层中节点图（锚固）

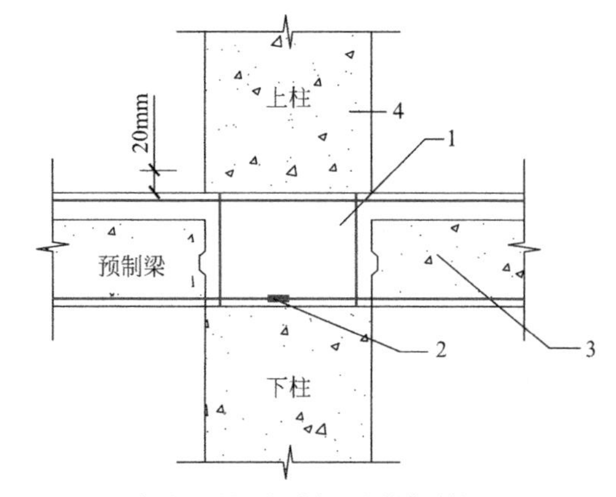

1-后浇区；2-梁下部纵向受力钢筋连接；3-预制梁；4-预制柱

图2.1-15　框架中间层中节点图（机械连接、焊接连接）

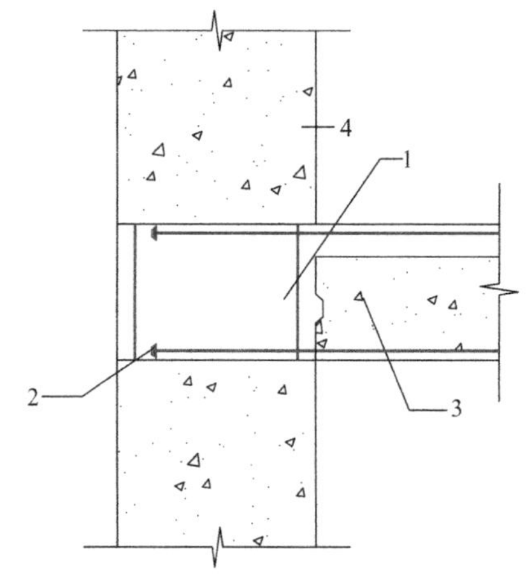

1-后浇区；2-梁纵向受力钢筋锚固；3-预制梁；4-预制柱

图2.1-16　框架中间层端节点

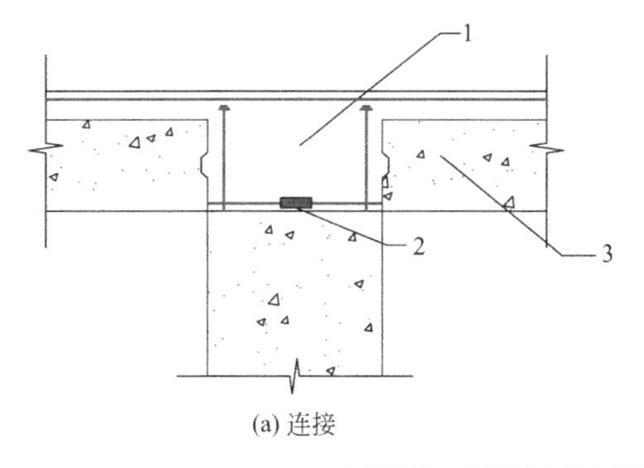

(a) 连接

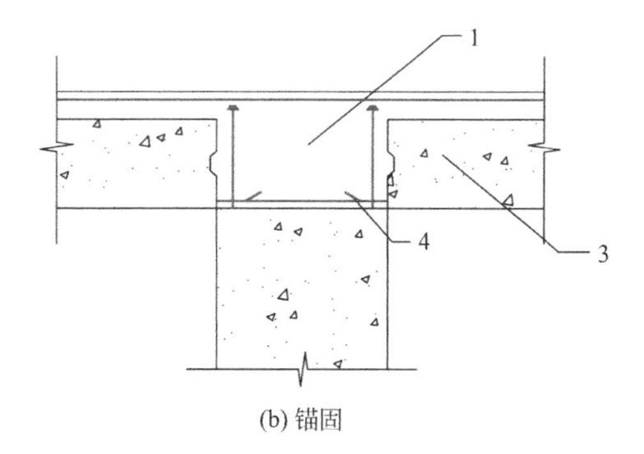

(b) 锚固

1-后浇区；2-梁纵向受力钢筋连接；3-预制梁；4-预制柱

图 2.1-17 梁下部纵向受力钢筋图

② 柱宜伸出屋面并将柱纵向钢筋用锚固板锚固在伸出段内（图 2.1-18），长度不宜小于 500mm，伸出段内箍筋间距不应大于 5d（d 为箍筋直径），且不应大于 100mm。

③ 柱外侧纵向受力钢筋也可与梁上部纵向受力钢筋在后浇节点区搭接（图 2.1-19）。

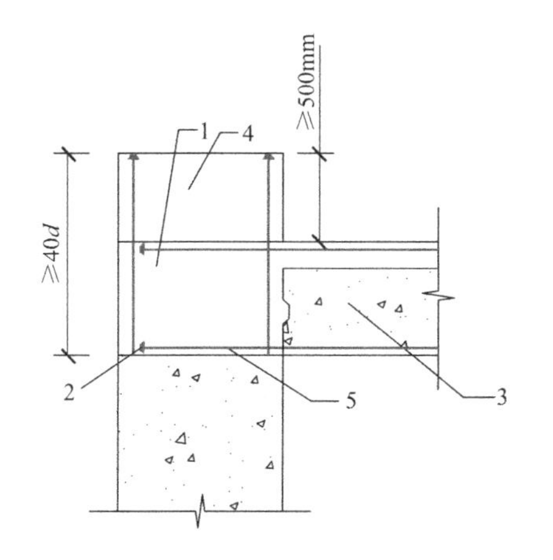

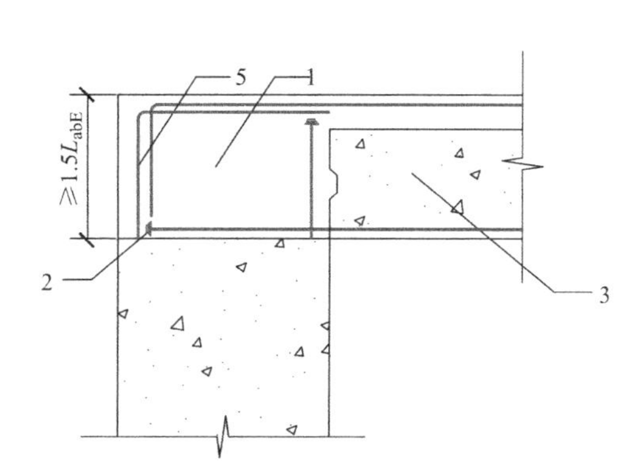

1-后浇区；2-梁下部纵向受力钢筋锚固；3-预制梁；4-柱延伸段；5-梁柱外侧钢筋搭接

图 2.1-18 柱向上伸长　　图 2.1-19 梁柱外侧钢筋搭接

2. 剪力墙结构节点构造

装配式建筑剪力墙结构与现浇混凝土剪力墙结构区别最大的是外墙节点部分。

《装配式混凝土结构技术规程》JGJ 1-2014 中装配式建筑采用的外墙板有：预制承重外墙板、预制外挂墙板、预制夹心外墙板等。不论何种外墙板，接缝的防水、保温、防火、隔声性能是关键。预制外墙板的各类接缝设计应构造合理、施工方便、坚固耐久，并结合本地材料及制作和施工条件进行综合考虑。

1）预制承重夹心保温外墙板板缝构造（图 2.1-20、图 2.1-21）

2）预制外挂墙板接缝构造（图 2.1-22）

3）外墙接缝防水设计

预制外墙板接缝及门窗洞口等防水薄弱部位宜采用构造防水与材料防水相结合的做法。

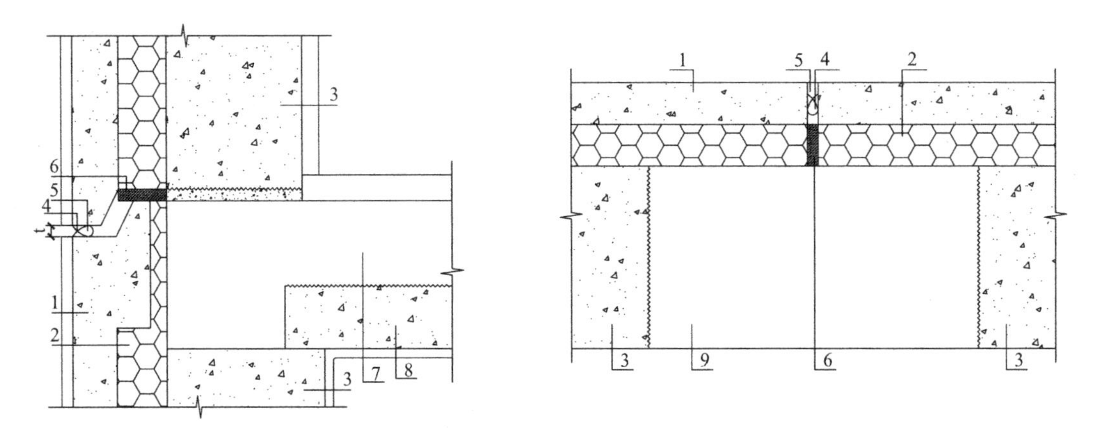

1-外叶墙板；2-夹心保温层；3-内叶承重墙板；4-建筑密封胶；5-发泡芯棒；
6-岩棉；7-叠合板后浇层；8-预制楼板；9-边缘构件后浇混凝土

图 2.1-20　预制承重夹心外墙板接缝构造示意图

图 2.1-21　预制承重夹心外墙板接缝构造实物对比图

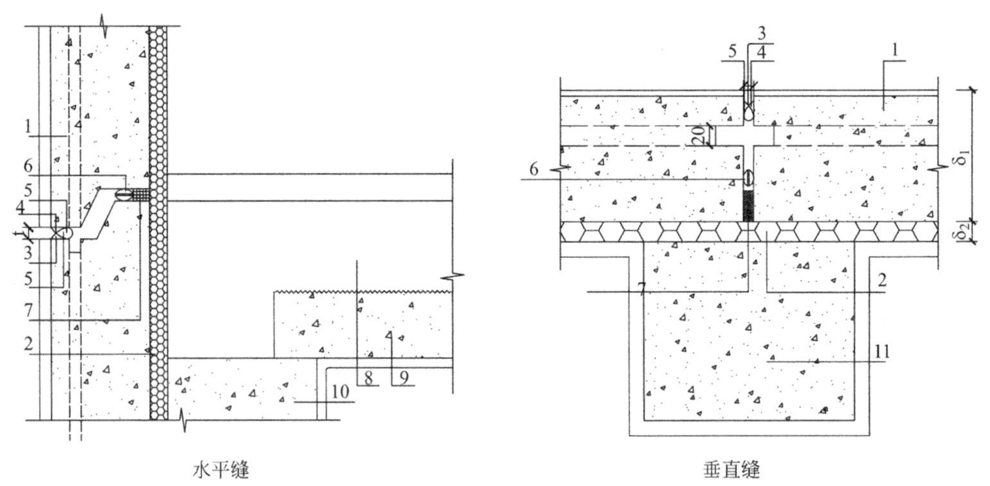

水平缝　　　　　　　　　　　　垂直缝

1-外挂墙板；2-内保温；3-外层硅胶；4-建筑密封胶；5-发泡芯棒；6-橡胶气密条；
7-耐火接缝材料；8-叠合板后浇层；9-预制楼板；10-预制梁；11-预制柱

图 2.1-22　预制外挂墙板接缝构造示意图

(1) 构造防水

构造防水是采取合适的构造形式，阻断水的通路，以达到防水的目的。如在外墙板接缝外口设置适当的线型构造（立缝的沟槽，平缝的挡水台、披水等），形成空腔，截断毛细管通路，利用排水构造，将渗入接缝的雨水排出墙外，防止向室内渗漏。图 2.1-23 至图 2.1-28 是构造防水的几种常用形式。由图中可以看到，构造防水必须与防水密封材料共同使用，才能达到良好的防水效果。

① 墙板水平接缝宜采用高低缝或企口缝构造。

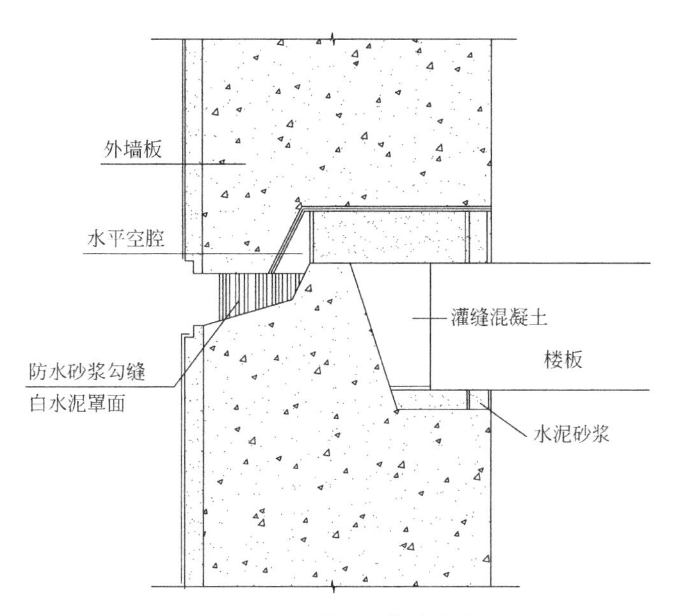

图 2.1-23 封闭式构造防水

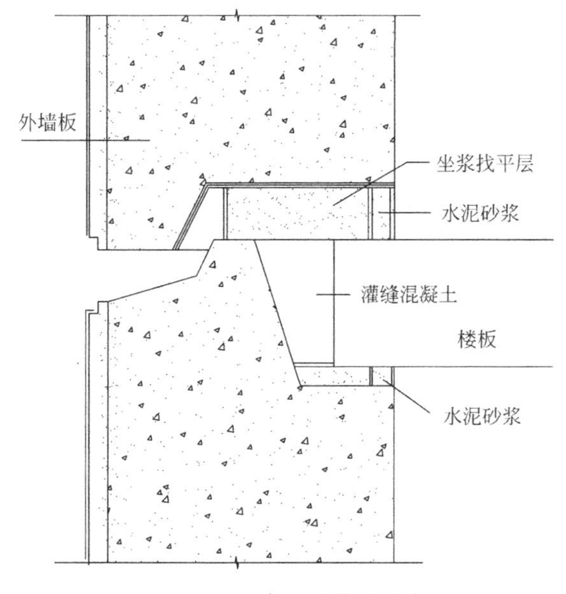

图 2.1-24 敞开式构造防水

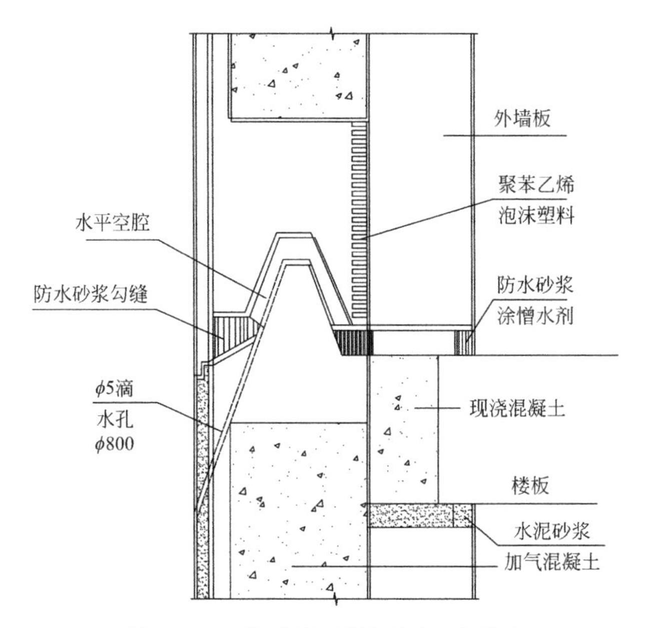

图 2.1-25　外墙板水平接缝企口缝防水

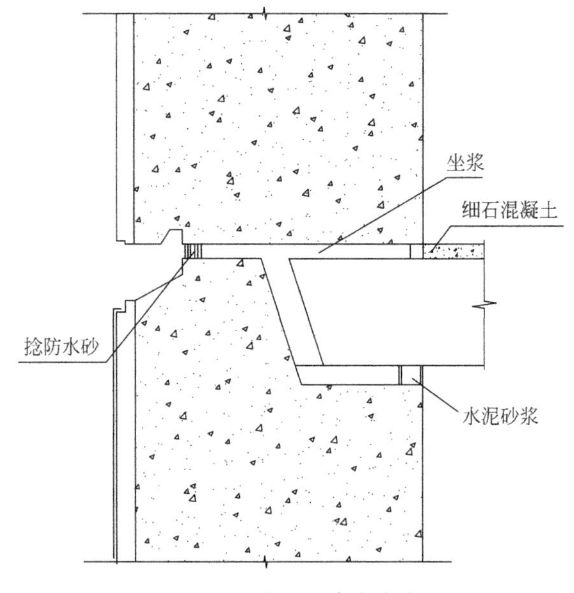

图 2.1-26　水平缝滴水线防水

② 墙板竖缝可采用平口或槽口构造防水。

③ 当板缝空腔需设置导水管排水时，板缝内侧应增设气密条密封构造。

（2）材料防水

材料防水是靠防水材料阻断水的通路，以达到防水的目的或增加抗渗漏的能力。如预制外墙板的接缝采用耐候性密封胶等，以阻断水的通路。接缝处的背衬材料宜采用发泡氯丁橡胶或发泡聚乙烯塑料棒；外墙板接缝中用于第二道防水的密封胶条，宜采用三元乙丙橡胶、氯丁橡胶或硅橡胶等。

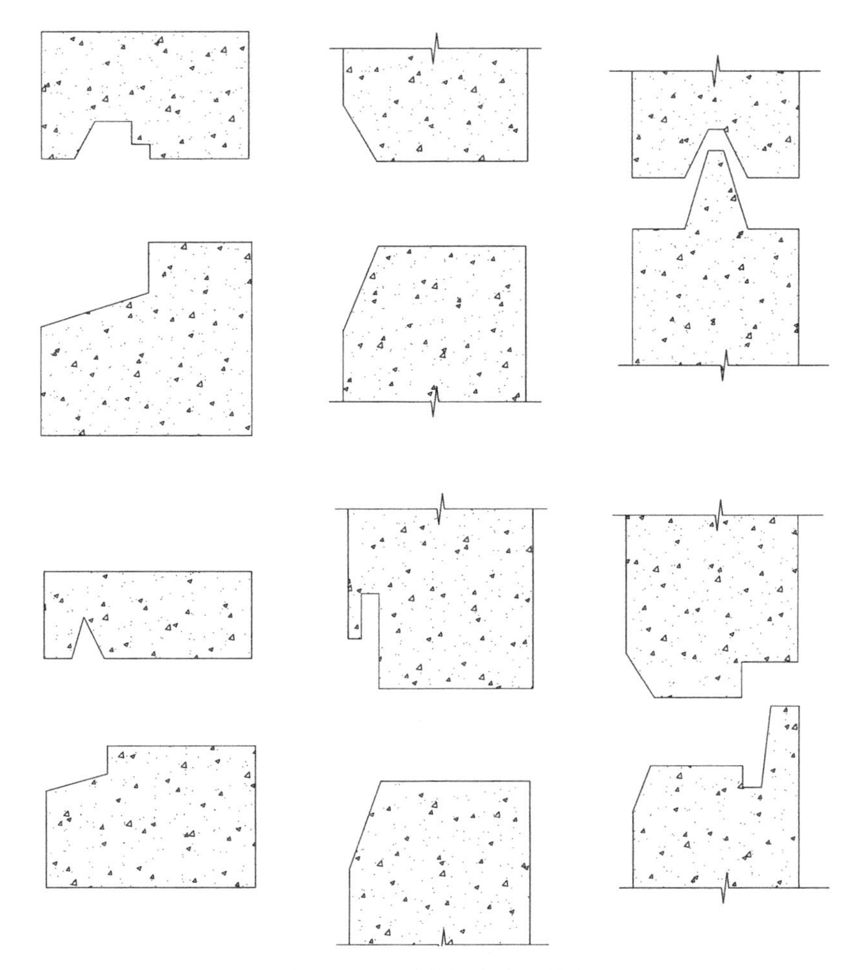

图 2.1-27 其他防水接缝形式

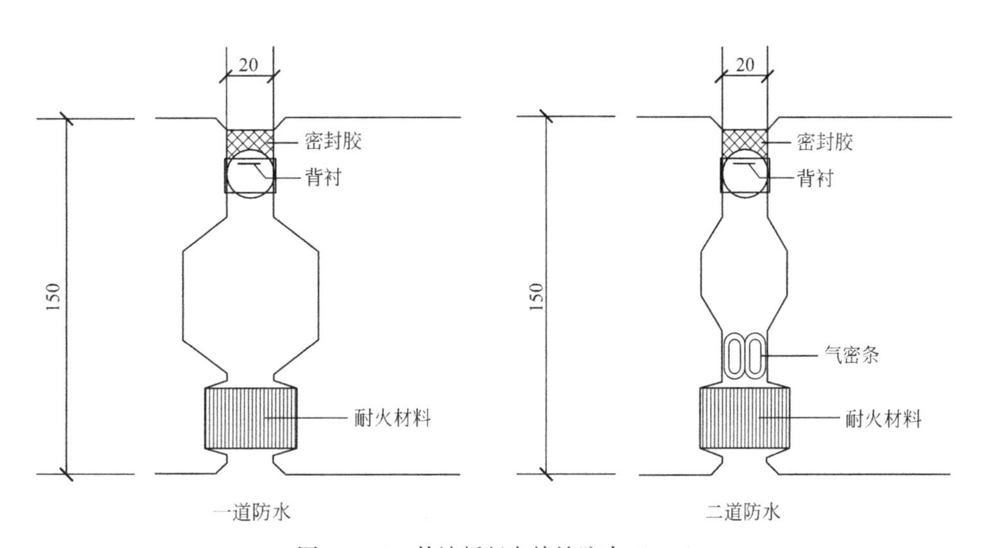

图 2.1-28 外墙板竖向接缝防水（mm）

2.1.2　结构设计监理审查要点

设计质量和深度往往对项目的效果起着重要的作用，所以在结构设计阶段，监理人员要组织各相关单位针对项目特点，对设计文件深度、各专业符合性进行审查，避免造成错、漏、碰等现象。一般来说，建设单位只委托施工阶段监理，故监理不需进行结构设计阶段的审查，但需督促建设单位要求设计单位按照出图节点及时提供设计图纸。

2.1.3　构件拆分设计监理审查要点

设计单位按照出图计划节点及时提供设计图纸。设计文件深度需满足拆分深化设计要求；应进行审查各专业符合性，避免造成错、漏、碰等现象。

预制构件生产厂应根据施工图设计文件进行预制构件的加工图设计，报监理审查，并报施工图设计单位审核确认。

监理工程师应熟悉施工图纸，了解工程特点和质量要求，掌握施工工艺。审查预制构件加工图可采用 BIM 技术辅助加工深化图的审查工作。

1. 审查建筑预制构件种类（飘窗、阳台、外墙、空调板、楼梯、叠合梁板、阳台隔墙等）是否满足原结构设计图纸及装配率要求。

2. 审查构件分割节点部位是否能按原设计的构造方式处理，不宜出现形状多变、受力复杂的构件。

3. 审查构件拆分后的最大重量能否满足运输吊装要求（尽量保证在 5t 以内），既要考虑预制、安装的安全需要，同时也要满足塔式起重机选型经济性、实用性的要求。

4. 审查构件与结构连接部位的连接方式、安全性、适用性（结构受力、渗漏措施等）。在装配式整体框架结构中，框架柱的纵筋宜采用套筒灌浆连接，梁的水平钢筋可根据实际情况选用机械连接、焊接或者套筒灌浆连接。在装配式剪力墙结构中，预制剪力墙竖向钢筋宜采用套筒灌浆连接，水平分布钢筋可采取焊接或搭接等形式。

5. 审查预制楼梯宜一端设置固定铰，另一端设置滑动铰，其转动及滑动变形能力应满足结构层间位移的要求，以及预制楼梯端部在支承构件上的最小搁置长度。

6. 审查预制外墙板的接缝、阳台构件与外墙连接处的结构防渗漏设计以及门窗洞口等防水薄弱部位的处理措施。宜采用材料防水和构造防水相结合的做法，构件有自防水能力，同时可采用水洗粗糙面、凹槽及中间设置橡胶止水带的防水构造。

7. 审查预制构件与铝模板拼接部位采取设置凹槽的防漏浆措施。

8. 关注外立面复杂程度及后期维护成本，并提出改进建议。

2.1.4　预制构件深化设计监理审查要点

1. 审查预制构件制作详图，包括预制构件制作、运输、存储、吊装和安装定位、连接施工等阶段的复核计算要求和预设连接件、预埋件、临时固定支撑等的设计要求。

2. 依据结构图纸，审查深化图中预制构件措施性支撑埋件、吊装埋件、模板支设埋件、安装工程预埋管线、套筒接驳器等布置位置、数量、尺寸规格是否正确。

3. 审查楼梯板、门窗、内外墙板、叠合楼板内部预留、预埋是否满足使用功能，滴水线、止水坎、固定块、预埋管线（线盒）等的优化，避免二次开槽，管口部位预埋宜采用可调节止水节。

4. 审查构件外墙、叠合楼板与湿作业结合面的水洗面、键槽、止水胶条及拉毛处理措施。

1）预制梁、板与现浇混凝土之间的水平结合面应设置粗糙面；预制梁端面应设置键槽；预制柱底部端面应设置键槽，顶部宜设置粗糙面；预制剪力墙的顶部和底部与后浇混凝土的结合面宜设置粗糙面；侧面与后浇混凝土的结合面宜设置粗糙面或键槽。

2）预制构件键槽设置深度不宜小于30mm，键槽宽度不宜小于深度的3倍且不宜大于深度的10倍。槽口距离截面边缘宜大于50mm。预制板的粗糙面凹凸深度不应小于4mm，其余构件的粗糙面凹凸深度不应小于6mm。

5. 审查建筑安全外围护结构及铝模板加固节点预留洞口布置，外墙构件预留洞应采用圆锥形孔洞，避免后期开洞，防止渗漏雨水倒灌。

2.1.5 铝模板深化设计监理审查要点

1. 审查构造柱、门垛、门窗下挂梁板模板布置。
2. 审查水电管井、放线孔、传料孔模板布置。
3. 审查厨卫、隔墙倒角模板布置。
4. 审查连廊、厨卫烟道反坎模板布置。
5. 审查现浇混凝土连接部位模板孔洞的布置。

2.2 施工方案监理审查要点

生产方案编审流程合规，要体现质量控制措施、验收措施、合格标准；制定相应的质量安全控制措施；工艺技术控制难点和要点以及成品码放、储存、运输和保护专项技术方案等；生产措施应符合强制性条文的规定。必要时应进行预制构件脱模、吊运、码放、翻转及运输等相关内容的承载力验算。

1. 审查施工组织设计的内容应符合现行国家标准《建筑施工组织设计规范》GB/T 50502的规定。

2. 审查施工组织设计中的安全技术措施或者专项施工方案是否符合工程建设强制性标准。

3. 审查专项施工方案所涉及的内容至少应包括：预制构件生产制作专项方案、塔式起重机布置及附墙专项方案、预制构件吊装及临时支撑专项方案、后浇部分钢筋绑扎及混凝土浇筑专项方案、构件安装质量控制专项方案、装配式施工安全专项方案；采用钢筋套筒灌浆接头连接工艺，应对此工艺编制专项施工方案，明确钢筋灌浆连接头施工操作要点及质量控制措施。

4. 审查施工组织设计（方案），在总监理工程师主持下对施工组织设计中的安全技术措施或专项方案进行程序性、符合性、针对性审查。

1）程序性审查。施工组织设计中的安全技术措施或安全专项施工方案是否经施工单位有关部门的专业技术人员进行审核；经审核合格的，是否由施工单位技术负责人签字并加盖单位公章；专项施工方案经专家论证审查的，是否履行论证，并按论证报告修改专项方案，不符合程序的应予退回。

2）符合性审查。施工组织设计中的安全技术措施或专项施工方案必须符合安全生产法律、法规、规范、工程建设强制性标准及工程所在地方有关安全生产的规定，必要时附有安全验算结果。须经专家论证审查的项目，应附有专家论证的书面报告。安全专项施工方案还应有紧急救援措施等应急救援预案。

3）针对性审查。审查安全技术措施或专项施工方案是否针对工程特点施工所处环境、施工管理模式、现场实际情况进行编制，是否具有可操作性。

2.3　预制构件厂监理审查要点

根据施工单位提供的待选装配式构件厂家名单，由监理单位组织建设单位和施工单位进行联合考察，从企业资质及社会信誉、企业人员资质、企业生产管理、原材料控制、厂家经营情况、产品质量、试验室、服务承诺等方面进行综合考评，监理单位出具构件厂考察报告及厂家排名，由建设单位最终确定。

2.3.1　考察构件厂家资质证照情况

1. 按照预拌商品混凝土管理办法，考察构件厂营业执照、资质证书是否符合相关文件要求。

2. 考察预制构件是否具有保证生产质量要求的生产工艺和设施设备，建立健全的质量管理体系、环境管理体系和职业健康安全管理体系及相应的试验检测能力。

2.3.2　考察构件厂主要管理人员情况

1. 考察构件厂技术负责人是否具有 5 年以上从事混凝土预制构件工作经历，是否具有中级以上职称或一级注册建造师执业资格。

2. 考察构件厂工程技术人员和经济管理人员数量是否满足相关要求。

3. 考察试验室负责人是否具有 2 年以上混凝土试验室工作经历，是否具有中级以上职称或注册建造师执业资格。

2.3.3　考察构件厂体系

考察构件厂是否具有完善的质量管理体系；考察构件厂近三年的业绩证明材料。

2.3.4　考察构件厂试验室资质和设备

考察构件厂检验仪器仪表、设备的标定情况，是否具有必要的试验检测手段。

2.3.5　考察构件厂是否具备相应的生产工艺设施

1. 考察构件厂固定模台生产线、内墙生产线、外墙生产线、钢筋生产线及混凝土搅拌站生产线等流水生产线的规模及布置，产能是否满足项目正常施工的需求。

2. 考察钢筋、水泥、砂石等原材料堆场防雨、防扬尘和防污染等措施是否满足相关规范及环保要求。

3. 考察构件养护设施，检查蒸汽养护设备在静停、升温、恒温、降温四个阶段的温度控制情况。

2.3.6 考察构件堆场情况

1. 考察构件堆场占地面积（一般为生产场地3～5倍）、构件内转龙门式起重机设备及构件存放数量是否满足项目正常施工需求。

2. 考察构件堆放场地构件的外观质量、几何尺寸及特殊部位处理。

3. 考察构件堆放场地布置、成品保护情况。

2.3.7 考察构件厂运输能力及到现场距离

1. 考察构件厂自有运输车辆的数量是否满足需要，数量不足时检查租赁物流运输车辆的协议是否满足数量要求。

2. 考察构件厂至施工现场的运输距离、路况、转弯半径等是否满足构件运输要求及现场进度要求。

第3章

预制装配式混凝土构件驻厂监理技术

3.1 预制混凝土构件生产监理流程

预制混凝土构件生产监理工作流程如图3.1-1所示。

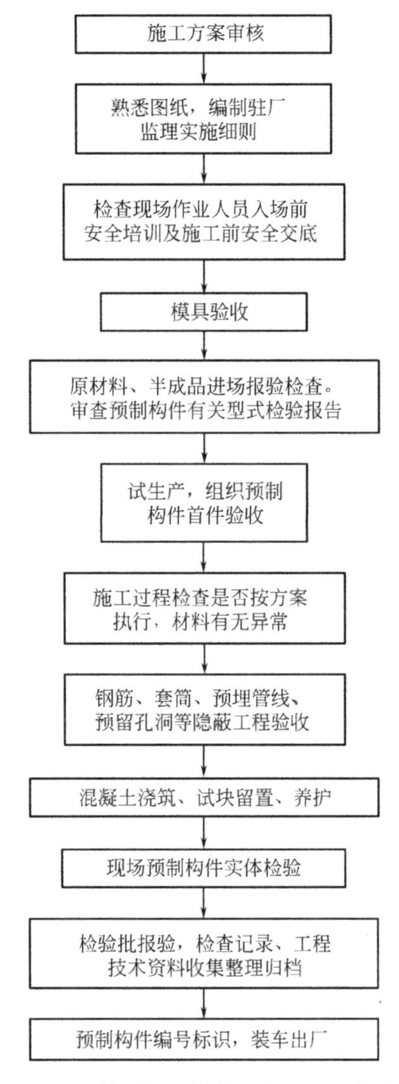

图3.1-1　预制混凝土构件生产监理工作流程图

3.2 装配式混凝土建筑预制构件生产关键质量控制点

3.2.1 预制构件的隐蔽工程质量控制

1. 钢筋的规格、数量、位置、间距、锚固长度、连接质量必须符合要求。
2. 预埋件、吊环、插筋、灌浆套筒、预留孔洞的规格、数量、位置必须符合要求。
3. 预埋管线和线盒的规格、数量、位置及固定措施必须符合要求。
4. 混凝土粗糙面的质量，键槽的规格、数量、位置必须符合要求。

3.2.2 混凝土浇筑质量控制

混凝土表面不得出现蜂窝、麻面、砂带、冷接缝和表面损伤；不得受到污染和出现斑迹；饰面清水混凝土和普通清水混凝土表面裂纹宽度分别不得超过 0.15mm 和 0.2mm。

表面质量控制措施：为了达到清水混凝土平整、光滑、色差小、整体感强的表观效果，除进行常规混凝土外观质量的控制，还需对以下内容重点控制：模板材料平整度和光滑度、模板拼缝处错台、模板拼缝处漏浆、胀模、模板安装平整度及加固体系的验收、预埋件钢板平整度表面是否有污染、是否有机械损伤等。构件外观质量要求见表 3.2-1。

构件外观质量要求　　表 3.2-1

项次	检查项目	质量标准或要求
1	蜂窝	不应有
2	麻面	轻微
3	孔洞	不应有
4	饰面空鼓、起砂脱皮、鼓包、鼓泡	不应有
5	硬伤、掉角	不应有
6	预留洞、管口堵塞	不应有
7	裂纹	不应有
8	局部不平整	轻微
9	混凝土色泽严重不一致	不允许
10	漏浆	轻微
11	飞边、毛刺	不允许
12	污染	不允许

3.3 驻厂监理工作细则

1. 驻厂监理人员应认真履行职责，详细记录每天的工作情况。
2. 驻厂监理人员应严格检查各种原材料的质量，杜绝不合格材料出现。

3. 驻厂监理人员应认真检查并详细记录预制构件生产过程中违规违章行为，并监督施工单位整改，形成闭环管理。

1）驻厂监理人员应按管理规定认真履行检查验收职责，做好检查记录，包括（但不限于）：原材料见证送检记录、隐蔽验收记录、混凝土坍落度检查记录、混凝土试件取样养护送检记录、预制构件混凝土强度回弹检测记录、预制构件外观尺寸检查检验记录等。

2）驻厂监理人员应按规范要求认真做好旁站监理工作，及时、准确、详细填写旁站记录。

（1）对预制墙板、叠合楼板、预制楼梯、预制阳台等构件的混凝土浇筑全程旁站。

（2）对连接件、水电预留预埋全程旁站。

（3）对各类现场力学性能试验全程旁站。

（4）对预制构件场内吊、运装车过程全程旁站。

（5）其他旁站内容参照《房屋建筑工程施工旁站监理管理办法》执行。

3.4　预制混凝土构件生产准备监理工作要点

3.4.1　预制构件施工方案的监理审查

施工单位应制定涉及质量安全控制措施、工艺技术控制难点和要点、全过程的成品保护措施等内容的专项方案，施工方案编审流程合规，并通过审核（详见 2.2　施工方案监理审查要点相关内容）。

3.4.2　监理工作文件编制

根据监理规划、工程建设标准、工程设计文件和施工单位上报审批合格的施工组织设计、（专项）施工方案配套编制相关的监理工作文件，包括预制构件加工驻厂监理实施细则、旁站监理方案等，明确监理工作流程、工作要点、工作方法及措施。

3.4.3　组织技术交底

1. 工程技术交底

在试生产之前，必须组织进行设计、生产工艺方法、质量的技术交底，主要内容包括：设计对制作与施工环节的基本要求与重点要求；装配式混凝土建筑关键质量问题和质量通病如何预防的详细措施；预制构件生产过程中重点环节的安全防范措施等。目的是让生产管理人员对工程特点、技术质量要求、施工方法和措施以及安全生产要求等方面有较详细的了解，以减少各种质量通病，提高施工质量。

2. 监理程序交底

监理程序交底内容包括：驻厂监理的工作内容、验收程序、质量要求、不合格项处理流程、文件签发传递流程等，明确驻厂监理的权利，保证驻厂监理工作顺利进行。

3.4.4　模具验收监理要点

模具的好坏直接决定了预制构件产品生产和安装的质量。预制构件模具的制造关键是精度，包括尺寸的误差精度、焊接工艺水平、模具的打磨光滑程度等。为了保证构件生产质量和精度，驻厂监理人员必须对进场的模具进行验收，模具验收具体要点如下。

1. 模具应具有足够的强度、刚度和稳定性，满足构件生产时浇筑混凝土的重量、侧压力、工作荷载及周转次数的要求。模具进场时，驻厂监理人员首先要检查制作模具使用钢材的规格、型号及出厂质量合格证明文件。

2. 在运输、存放过程中应采取措施防止其变形、受损。存放模具的场地应坚实、无积水。

3. 模具应清理干净，模具表面除饰面材料铺贴面范围外，应均匀涂刷脱模剂。

4. 模具组装正确，组装好的模具应牢固，拼装严密，不漏浆，符合构件的精度要求。在模板的拼装过程中，可采用加垫泡沫密封条或用玻璃胶嵌缝等方法进行密封，拼接完成后的模具，首先应满足设计规范要求，待驻厂监理人员检验、验收合格后，方可投入使用。

5. 拼装完成的模具表面应均匀涂刷混凝土构件专用脱模剂，避免脱模剂选用不当造成混凝土表面强度降低。脱模剂不得出现漏涂现象，防止出现边角麻面、缺棱掉角等影响构件质量的问题发生。

6. 检查模具上用于预制墙板底部预埋钢筋连接套筒、预制叠合类构件的预留吊环、预制楼梯的预埋吊装螺母等的定位措施，进行有效定位。

3.5 原材料控制监理要点

驻厂监理机构人员负责材料质量控制，按有关要求对材料质量进行严格的监控。督促承包方合理地、科学地组织材料采购、加工、储备和运输，建立计划、调度和管理体系。

3.5.1 材料采购的质量控制

1. 采购的原材料、半成品或构（配）件等，在采购订货前，施工单位必须向驻厂监理工程师申报；对于重要的材料，应提交样品，供参加各方联合确认定样后，方可进行订货采购。

2. 协助施工单位建立严密的计划、调度、管理体系，合理、科学地组织材料采购、加工、储备、运输，加快材料的周转，减少材料的占用量，保质、保量、如期地满足建设需要。

3.5.2 材料进场的质量控制

1. 凡运至施工现场的原材料、半成品或构（配）件，必须有产品出厂合格证及技术说明书，并由施工单位按规定要求进行检验，向监理工程师提交报验申请或试验报告，经监理工程师审查并确认其质量合格后，方准进场。

2. 凡是无产品出厂合格证明及检验不合格者，不得进场，监理工程师不予验收。由供货方予以退场更换或进行处理，合格后再进行检查验收。

3. 预制构件所用的原材料、构（配）件等均应根据现行有关标准进行检查试验，出具试验报告并存档备案。

4. 原材料堆放场地要设置明显的标志牌，注明材料产地、品种、规格、型号及验收状态，确保原材料始终处于受控状态，并做到可追溯。

5. 质量合格的材料、半成品、构（配）件在存放过程中，因保管不良，可能导致质量状况的恶化，如损伤、变质、损坏，甚至导致不能使用。因此，监理工程师对施工单位的材料、半成品、构（配）件等存放、保管条件及时实行监控。不同品种、不同规格的材料要分类堆放，并做好防雨措施。

3.5.3 原材料、构（配）件的质量标准

1. 水泥

1）水泥进场后，监理工程师应检查水泥的生产厂家质量证明书（质量证明书应包括生产单位名称、购货单位名称及水泥品种、规格、数量、主要技术质量指标、购货日期等）、出厂检验报告（报告应包括强度试验结果、化学成分分析、凝结时间、安定性等指标），核对水泥品牌、品种、强度、出厂日期是否符合供货要求。

2）袋装水泥检测应以同一水泥厂、同强度等级、同一生产时间、同一进场同期的水泥、200t为一验收批，不足200t时，按一验收批次检测。散装水泥应以同一水泥厂生产的同期出厂、同品种、同一出厂编号的水泥为一批，总重量不得超过500t。

3）每批抽样不少于一次，执行见证取样制度，对水泥的强度、凝结时间、安定性、胶砂强度等进行抽样复试。复试报告合格后方可同意该批水泥用于施工。

4）水泥包装标志中水泥品种、强度等级、出厂名称和出厂编号不全的属不合格品。

5）当在使用中水泥出厂超过三个月（快硬硅酸盐水泥超过一个月）时，必须做复检，并按其结果使用。

6）连续施工的工程，相邻两次水泥试验时间不应超过其有效期。

7）水泥应按同品种、同强度等级、同一编号分别堆放，并应保持干燥。不同品种的水泥不得混合使用。

2. 砂石

1）砂石料进场后监理工程师应审查厂家提供的质量证明文件。核查粗细骨料（石）的产地、规格、粒度级配、含泥量、泥块含量、针片状颗粒料含量、杂物等是否符合要求。

2）砂、碎石或卵石检测应以同一产地、同一规格、同一进场时间，400m^{3}或600t为一验收批次进行检测。至少进行颗粒级配、含泥量和泥块含量三项指标的复检。

3）含泥量、泥块含量超过标准规定要求的，不得直接使用，可采用水冲洗等措施处理，合格后方可使用。对于级配不合理的碎石或卵石，可选用其他粒径碎石或卵石按一定的比例试配，改善级配。

3. 外加剂

外加剂必须有生产厂家的质量证明书，内容包括：厂名、品名、包装、质量（重量）、出厂日期、性能和使用说明，使用前应以每次进厂的数量进行性能检测。

4. 钢筋

1）钢筋进场时驻厂监理工程师要检查厂家的自检报告和出厂合格证。生产厂家质量证明书应包括生产单位名称、购货单位名称及品种、规格、数量、主要技术质量指标、购

货日期等，并进行钢筋直径和重量偏差检验，建立《钢筋进场验收——见证取样称重台账》。

2）钢筋表面必须清洁无损伤，不得带有颗粒状或片状铁锈、裂纹、结疤、折叠、油渍和漆污等。

3）钢筋原材料检测应以同厂别、同炉号、同规格、同一交货状态、同一进场时间、每60t为一验收批，不足60t时，按一验收批次检测。钢筋的物理性能和化学性能成分各项试验，如有一项不符合钢筋的技术要求，应取双倍试验进行复检，再有一项不合格，则该验收钢筋判为不合格。不合格钢筋不得使用，并要有处理报告，以防止混入其他批次中。

4）检查钢筋焊接工艺试验报告、钢筋机械连接工艺试验报告、钢筋套筒灌浆连接工艺试验报告，均应符合国家现行规范、行业标准的规定，试验结果合格方可进行生产。

5. 灌浆套筒

1）驻厂监理工程师检查灌浆套筒（包括全灌浆套筒、半灌浆套筒）的品种、规格、型式检验报告（4年有效期）、出厂合格证等是否满足设计要求。

2）检查灌浆套筒外观质量、标识和尺寸偏差（外形尺寸、剪力槽数量、灌浆腔端口孔径及偏差、连接螺纹尺寸、螺距和精度），检查结果应符合《钢筋套筒灌浆连接应用技术规程》JGJ 355—2015的规定。

3）灌浆套筒生产厂家提供套筒原材料质量检验报告：如圆钢、钢棒生产企业的材料质量证明书；球墨铸铁随炉试样拉伸强度、套筒本体球化率和硬度的检测报告。

4）同一批号、同一类型、同一规格的灌浆套筒每1000个为一批，每批随机抽取3个灌浆套筒制作对中连接接头试件，标准养护28d，进行抗拉强度试验。

6. 吊钉

驻厂监理工程师检查吊钉的规格、型号、出厂合格证，检查不同规格的工作载荷和长度是否满足设计要求，使用前检查是否受损变形，严禁超载使用。

7. 其他材料

预制构件生产中所用的其他材料（如安装工程的各类线管、保温材料、保温连接件、门窗材料等），按相关规范执行材料进场验收程序。

3.6 预制混凝土构件生产监理要点

3.6.1 钢筋网片（骨架）及预埋件监理要点

1. 绑扎成型后的钢筋网片（骨架）应尺寸准确，符合设计文件和规范的要求。

2. 吊装入模前应检查吊点的位置并标识，以使支座弯矩和跨中弯矩相等。一般取吊点位置在0.2～0.25跨处（四点起吊情况）；吊点大于四个时，应采用专用吊装工具，保证各点均匀受力，防止钢筋网片（骨架）产生变形。

3. 钢筋网片（骨架）入模时应平稳，采用塑料垫块将钢筋网片（骨架）卡装牢固，满足钢筋限位及控制变形要求。

4. 钢筋网片（骨架）装入模具后，驻厂监理工程师应按设计文件检查钢筋的规格、位置、间距、保护层厚度等项目，允许偏差应符合规范要求。

5. 检查纵向受力钢筋的连接方式、接头位置、接头质量、接头面积百分率、搭接长度、锚固方式、锚固长度等应符合相关规范和规定的要求。

6. 检查预埋件、线盒、线管、吊钉、插筋的规格及外露长度、数量和位置等应符合设计图纸要求，附加钢筋设置到位。预制构件中的线盒、线管、吊点、预埋铁件等预埋件中心线位置、埋设高度等不超过规范允许偏差值。采取可靠的固定保护措施及封堵措施，确保其不移位、不变形，防止振捣时堵塞及脱落。

7. 检查灌浆套筒、预留孔洞的规格、数量和位置等应符合设计图纸要求，灌浆套筒和竖向受力钢筋的连接固定牢固。

8. 检查保温层位置和厚度，保温拉结件的规格、数量、位置、固定方式等应符合设计图纸要求。

9. 混凝土浇筑前，在施工单位自检合格的基础上，驻厂监理工程师组织隐蔽验收，查验相应的检验批报验资料，填写验收记录，存档备查。

3.6.2　混凝土工程监理要点

1. 在开始浇筑混凝土前，应由施工单位提出报验申请，监理单位在接到报验申请后应及时派监理工程师做好验收工作。对构件模具质量、钢筋隐蔽工程等进行检查验收。在验收过程中如发现施工质量不符合设计要求，应以整改通知书的形式通知施工单位，待其整改后重新进行隐蔽工程验收，并经监理工程师签认隐蔽工程申请表。未经验收合格，施工单位严禁进行下一道工序施工。

2. 构件生产线混凝土浇筑前模具脱模剂应涂刷均匀，有粗糙面要求的平面、侧边需均匀涂刷缓凝剂；预埋件及预留钢筋外露部分应做好防污染措施。

3. 检查上下层构件间钢筋与套筒应能准确对位，预埋管线、洞口、吊筋、预埋环等不发生遗漏现象。预埋件、预留孔洞中心位置定位准确。

4. 门窗框应在浇筑混凝土前预先放置固定，并采取防止污染窗体表面的保护措施。铝合金门窗应采取隔离措施，避免铝合金框与混凝土直接接触而发生电化学腐蚀。

5. 检查混凝土从出机到浇筑完成时间，当气温高于 25℃时不宜超过 60min，当气温低于 25℃时不宜超过 90min。浇筑过程中混凝土入仓高度不大于 500mm，并应均匀连续浇筑。

6. 混凝土浇筑前应检查坍落度、入模温度，冬季混凝土入模温度不低于 5℃。混凝土浇筑时要留置同条件和标准养护试块。驻厂监理工程师应建立混凝土试块见证取样台账。

7. 在浇筑混凝土预制构件时，宜采用振捣棒、平板振动器辅助施工。当混凝土表面无明显塌陷、有水泥浆出现、不再冒泡时，应结束振捣。

在浇筑混凝土时，应保证模具、门窗框、预埋件、连接件等不发生变形或者移位。如有偏差，应采取措施及时纠正。对于采用反打石材、瓷砖等工艺的墙板，振捣时应注意不得损伤石材或瓷砖。

8. 在进行楼梯、飘窗等部位的混凝土浇筑时，应监督施工单位做好振捣工作，避免因振捣不密实造成混凝土质量缺陷，并注意有无钢筋网片（骨架）上浮现象。

9. 对于夹芯保温的预制构件，宜采用水平浇筑方式成型。使用专用连接件连接内外层混凝土，连接件设置的位置、数量应符合设计要求。

10. 预制构件的粗糙面应在侧模表面涂刷适量的缓凝剂，脱模后采用高压水枪冲洗掉未凝结的水泥砂浆形成粗糙面，深度控制在骨料粒径的1/3～1/2；叠合板拉毛的深度不小于4mm。

11. 驻厂监理人员必须高度重视混凝土预制构件的养护工作，关注蒸汽养护各阶段温度及保持时间的控制。蒸汽养护分为静养、升温、恒温和降温四个阶段。宜采用温度自动控制装置，监理监督养护窑设定的升温、恒温、降温速度。混凝土构件静养时间根据外界温度一般为2～6h最佳，入窑时严禁窑内温度大于外界温度；升、降温度速度不宜超过20℃/h；最高养护温度不宜超过70℃。现实操作中，升温速度宜为每小时10～20℃，降温速度不宜超过每小时10℃，最高养护温度不宜超过50℃。预制构件出窑时温度与环境温度的差值不宜超过25℃。蒸汽养护阶段测温记录，在升温阶段不多于30min测一次，恒温阶段不多于60min测一次。

12. 构件脱模前混凝土同条件试块抗压强度不宜小于15MPa。脱模时应严格按照顺序拆除模具。脱模后驻厂监理人员组织施工单位质检人员对预制构件进行实体验收，留存实测验收记录。对于存在的缺陷监督施工单位进行整改和修补。质量缺陷修补应有审核通过的专项修补方案，修补后的混凝土外观质量应满足设计要求。

13. 预制混凝土构件运输、起吊，除设计有要求外，不宜低于设计混凝土强度值的75%。构件起吊应平稳，楼板应采用多点吊架进行起吊；复杂构件应采用专用吊架进行起吊。

14. 做好有关监理资料的原始记录整理工作，保证资料的正确性、完整性和说明性。定期组织现场质量协调会，及时分析、通报工程质量状况。

3.6.3 首件成型预制构件验收

首件验收制度是预制混凝土构件生产工序质量控制的重要方法。驻厂监理工程师在预制构件大批量生产前，要监督生产厂家进行首件样板构件生产验收，验证工艺方案的可行性，预防产品出现成批量的质量问题，有效减少返工损失，确保工程质量。

1. 预制构件生产单位应在首件构件生产前，编制专项施工方案，并上报监理审核签批认可后实施。

2. 首件构件生产过程中，施工单位管理人员应详细记录操作步骤及工艺数据。首件构件生产完成后，施工单位应对施工工艺和施工质量提出书面自评意见，自评合格后报监理单位申请首件验收。

3. 驻厂监理工程师对首件构件验收合格后，由建设单位组织设计单位、监理单位、施工单位等参建各方负责人参加首件验收，提出复评意见。复评合格经各方签字出具书面认可意见后，方可实施后续生产。

4. 凡是未经首件验收的预制构件，一律不得开展后续生产。

5. 施工单位应设置样板区，将详细施工过程以图片与实体样板对照的形式，说明施工要点。

3.7　构件出厂管理

3.7.1　预制构件存放

1. 生产厂家应建立产品档案。预制构件生产后，驻厂监理人员应督促生产企业对构件进行统一编码。在预制构件上进行编号标记，注明预制构件的生产单位、构件型号、使用部位、生产日期和质量验收标识等信息，或采取植入唯一性标识芯片进行管理，避免同类型预制构件混淆使用等现象。编号标记见图 3.7-1。

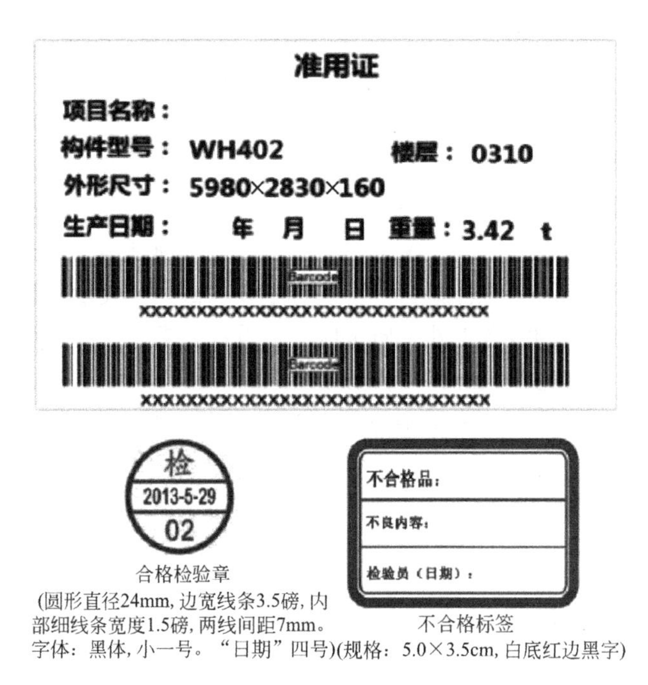

图 3.7-1　编号标记

2. 成品预制构件出厂前，驻厂监理人员应检查预制构件堆放情况，避免出现因堆放不当导致构件损坏。

1）预制构件存放场地应硬化平整，排水良好。构件按品种、规格分类堆放。

2）预制墙板宜采用定型存放架插放或靠放，堆放架应具有足够的承载力和刚度；预制墙板外饰面不宜作为支撑面，对构件薄弱部位应采取保护措施。

3）预制叠合梁采用平放；预制叠合阳台、预制叠合板、预制楼梯宜采用叠放方式，层间应垫平、垫实，垫块位置安放在构件吊点部位。

4）叠层堆放的构件，应以 100mm×50mm 的方木隔开。各层垫木的位置应紧靠吊环外侧并同在一条垂直线上。堆放层数应根据构件形状、重量、尺寸和堆垛的稳定性来决定。

5）构件堆放必须有一定挂钩和绑扎操作的空间。相邻的梁板类构件净距不得小于 0.2m，防止吊运时相互影响造成碰撞损坏。

3.7.2 构件的运输

装配式建筑预制构件不仅在安装阶段存在安全隐患，在运输过程中，如果操作不当也将存在一定的安全风险。为了降低甚至规避构件运输时的安全风险，在运输前就要做好详细的运输方案及策划，并报送监理机构进行审查。方案中现场施工进度计划、工厂构件生产计划、构件运输计划应协调一致。综合考虑装车所需时间、从构件生产厂至施工现场所需时间等因素统一协调车辆。并且，在方案审查及实际运输操作中，监理人员应当注意下面几点要求。

1. 运具要求

1）根据构件特点采用不同的运输方式，托架、靠放架、插放架应进行专门设计，并进行强度、稳定性和高度验算。

2）工厂预制的构件需在吊装前运至工地，构件运输宜选用载重量较大的载重汽车和半拖式或全拖式的平板拖车，将构件直接运到工地构件堆放处，见图 3.7-2。

图 3.7-2 构件装车运输

2. 构件要求

1）预制构件出厂强度应采用同条件混凝土的实测值，达到 30MPa 时不易破损，设计强度不足 C30 时，应在达到设计强度后方可进行运输。

2）运输时混凝土预制构件的强度不低于设计混凝土强度的 75%。

3. 运输堆码要求

1）外墙板宜采用立式运输，外饰面层应朝外，梁、板、楼梯、阳台宜采用水平运输。水平运输时，预制梁、柱构件叠放不宜超过 3 层，板类构件叠放不宜超过 6 层。

2）采用靠放架立式运输时，构件与地面倾斜角应大于 80°。构件应对称靠放，每组不大于 2 层。运输中，也应考虑刹车影响，采取相应措施防止倾覆，同时考虑卸车过程中出现单侧构件卸车对车辆的影响，避免整车重心不稳而导致车辆倾覆。

3）叠放运输时构件之间必须用隔板或垫木隔开。上、下垫木应保持在同一垂直线上，支垫数量要符合设计要求以免构件受折。

4）运输中做好安全与成品保护措施，构件转角尖锐处应设置保护垫撑。

4. 其他要求

1）对于超高、超宽、形状特殊的大型预制构件的运输和存放应制定专项的质量安全保证措施。

2）应提前规划合适场内外运输路线，运输道路要有足够的宽度和转弯半径。

3.8　构件生产计划监理管理

预制构件的生产进度计划、供应计划需满足现场施工要求，驻厂监理人员对预制构件的生产进行全过程的计划管理。驻厂监理人员应重点检查以下内容。

1. 认真分析研究施工单位上报的预制构件生产计划合理性、可靠性；是否能够反映生产活动中的其他相关联络，包括生产线投入计划、模具配置计划、劳动力配备计划、原材料购置计划等；是否满足合同文件的要求。

2. 检查进度计划在施工顺序的安排上是否合乎逻辑，是否能满足现场施工需求。

3. 审查进度计划与其他的人员、材料、机具设备供应计划是否协调，以确认进度计划能否实现。

4. 制定进度计划监控体系，将施工进度计划按控制目标进行合理的分解。驻厂监理人员负责进行进度实施情况的评估工作。

5. 与构件安装施工现场保持密切联系，了解安装现场的进度情况及各项需求，通过会议协调、现场协调等手段开展进度控制的协调工作；协助施工单位调整生产进度计划；修改预制装配式建筑构件生产的工作目标、阶段目标；定期组织生产总结，编写监理月报中的有关部分内容。

3.9　驻厂监理的安全管理

1. 监督施工单位对作业人员进行安全培训与交底，明确预制构件的生产、吊运、存放等各个环节的作业风险。

2. 要求施工单位制定防止危险情况的处理措施，并组织演练。

3. 吊运作业区域内，非作业人员严禁进入。吊运预制构件时，构件下方严禁站人。

4. 遇到大雨、雪、雾天气及风力大于 6 级时，不得进行吊运作业。

5. 监督施工单位定期对预制构件吊运作业所用的工器具进行检查，如发现存在安全风险，应立即停止使用。

3.10　驻厂监理成果

每一批次的预制构件生产完成后，由驻厂监理工程师组织施工单位按设计和规范标准要求进行验收。验收检查内容主要应包括以下内容。

1. 专项施工方案及监理细则的审批手续、专家论证意见。

2. 预制构件生产所用各种材料、连接件的产品合格证书、性能测试报告、进场验收记录和复试报告。

3. 监理旁站记录，隐蔽验收记录及影像资料。

4. 连接构造节点的隐蔽工程检查验收文件。

5. 分项、分部工程验收记录。

6. 装配式构件实体检验记录。

7. 工程重大质量问题的处理方案和验收记录。

8. 使用功能性检测报告。

9. 其他质量保证资料，见表3.10-1、表3.10-2。

原材料进场检验记录表 **表3.10-1**

序号	材料名称	进场			检验项目				复检项目		备注
		时间	规格	数量	生产厂家	出厂合格证	性能检测报告	外观质量尺寸	复检报告	复检结果	

钢筋进场验收——见证取样称重台账

表 3.10-2

工程名称																	
序号	生产厂名	牌号级别	直径（mm）	数量（t）	进场时间 年		实测内径	公称尺寸（mm）	内径允许偏差（mm）	实量重量（kg）	重量允许偏差（%）	理论重量（kg/m）	实测长度（mm）	送检时间 年		使用部位	备注
					月	日								月	日		
1																	
2																	
3																	

3.11 模具质量要求和检验方法

具体的模具质量要求和检验方法见表 3.11-1 至表 3.11-4。

混凝土预制构件模具质量要求和检验方法　　表 3.11-1

项次	检验项目	质量要求	检验方法
1	拼接焊缝不严密	不允许	目测
2	拼接焊缝打磨粗糙	不允许	目测
3	棱角线条不直	≤1mm	沿棱角线条方向拉线，用塞尺量测棱角线条模线和拉线之间的缝隙，取其最大值
4	局部凸凹不平	≤0.5mm	用靠尺和塞尺量测，取其最大值
5	麻面	不允许	目测
6	锈迹	不允许	目测

预制板类构件模具尺寸允许偏差和检验方法　　表 3.11-2

项次	检验项目、内容		允许偏差(mm)	检验方法
1	长度、宽度	≤6m	1，−2	用钢尺量平行于模具长度方向，量测两端及中间，取其中偏差绝对值最大值
		>6m 且≤12m	2，−3	
		>12m 且≤18m	3，−4	
		>18m	3，−5	
2	厚度		±1	数量为均匀分布 3 点，取其中偏差绝对值最大值
3	肋宽		±2	数量为均匀分布 3 点，取其中偏差绝对值最大值
4	表面平整度	清水面	1	用 2m 靠尺安放在模具面上，用楔形塞尺量测靠尺与模具面之间的最大缝隙
		非清水面	2	
5	对角线差		3	在矩形模具的最大平面部分，用钢直尺量测两个对角线长度，取其差值的绝对值
6	侧向弯曲		L/1500 且≤4	沿侧模长度方向拉线，用钢尺量测与混凝土接触的侧模面和拉线之间的最大水平距离，减去拉线端定线垫板的厚度
7	扭翘		L/1500 且≤5	四对角拉两条线，量测两线交点之间的距离，其值的 2 倍为扭翘值
8	组装间隙		1	用塞尺量测，取最大值
9	拼板表面高低差		0.5	用靠尺紧靠在接缝处的较高拼板上，用楔形塞尺量测，靠尺下平面与低拼板上表面之间的最大缝隙
10	起拱或下垂		±2	数量为均匀分布 3 点，取其中偏差绝对值最大值

注：L 为模具与混凝土接触面中最长边的尺寸（mm）。

预制墙板类构件模具尺寸允许偏差和检验方法　　表3.11-3

项次	检验项目、内容		允许偏差(mm)	检验方法
1	宽度、高度		1,-2	用钢尺量平行于模具宽、高度方向量测两端及中间,取其中偏差绝对值最大值
2	厚度		±1	用钢尺量测两端和中间,取其中偏差绝对值最大值;高度变化的模具,应分别测量
3	表面平整度	清水面	1	用2m靠尺安放在模具面上,用楔形塞尺量测靠尺与模具面之间的最大缝隙
		非清水面	2	
4	对角线差		3	在矩形模具的最大平面部分,用钢直尺量测两个对角线长度,取其差值的绝对值
5	侧向弯曲		$L/1500$ 且≤2	沿侧模长度方向拉线,用钢尺量测与混凝土接触的侧模面和拉线之间的最大水平距离,减去拉线端定线垫板的厚度
6	扭翘		$L/1500$ 且≤2	四对角拉两条线,量测两线交点之间的距离,其值的2倍为扭翘值
7	组装间隙		1	用塞尺量测,取最大值
8	拼板表面高低差		0.5	用靠尺紧靠在接缝处的较高拼板上,用楔形塞尺量测靠尺下平面与低拼板上表面之间的最大缝隙
9	门窗口	位置偏移	2	用尺量测
		规格尺寸	2	用尺量测
		对角线差	2	用尺量测
10	键槽	中心线位置偏移	2	用尺量测纵横两个方向的中心线位置,取其中较大值
		长度、宽度	±2	用尺量测3点,取其中较大值
		深度	±1	用尺量测3点,取其中较大值

注:L 为模具与混凝土接触面中最长边的尺寸(mm)。

预制梁柱类构件模具尺寸允许偏差和检验方法　　表3.11-4

项次	检验项目		允许偏差(mm)	检验方法
1	长	≤6m	1,-2	用钢尺量平行于模具长度方向量测两端及中间,取其中偏差绝对值最大值
		>6m且≤12m	2,-3	
		>12m且≤18m	3,-4	
		>18m	3,-5	
2	截面尺寸		0,-2	用钢尺量测两端和中间,取其中偏差绝对值最大值
3	翼板厚		±2	用钢尺量测两端和中间,取其中偏差绝对值最大值
4	侧向弯曲	梁、柱	$L/1500$ 且≤5	沿侧模长度方向拉线,用钢尺量测与混凝土接触的侧模面和拉线之间的最大水平距离,减去拉线端定线垫板的厚度
		薄腹梁、桁架	$L/1500$ 且≤5	

续表

项次	检验项目		允许偏差(mm)	检验方法
5	表面平整	清水面	1	用2m靠尺安放在模具面上,用楔形塞尺量测靠尺与模具面之间的最大缝隙
		非清水面	2	
6	拼板表面高低差		0.5	用靠尺紧靠在接缝处的较高拼板上,用楔形塞尺量测靠尺下平面与低拼板上表面之间的最大缝隙
7	梁设计起拱		±2	数量为均匀分布3点,取其中偏差绝对值最大值
8	端模平直		1	数量为均匀分布4点,取其中偏差绝对值最大值
9	牛腿支撑面位置		±2	数量为均匀分布3点,取其中偏差绝对值最大值
10	键槽	中心线位置偏移	2	用尺量测纵横两个方向的中心线位置,取其中较大值
		长度、宽度	±2	用尺量测3点,取其中较大值
		深度	±1	用尺量测3点,取其中较大值

注：L为模具与混凝土接触面中最长边的尺寸（mm）。

3.12　预制构件尺寸允许偏差和检验方法

1. 预埋件、预留孔、预留洞等定位尺寸允许偏差和检验方法见表3.12-1和表3.12-2。

预埋预留孔洞安装允许偏差及检验办法　　表3.12-1

项目	检验项目		允许偏差(mm)	检验方法
1	预埋钢板、建筑幕墙用槽式预埋组件	中心线位置	3	用尺测量纵、横两个方向的中心线位置,取其中较大值
		平面高差	±2	钢直尺或塞尺测量高差
2	预埋管、电线盒、电线管水平和垂直度放线的中心线位置偏移、预留孔、浆锚搭接预留孔(或波纹管)		2	用尺测量纵、横两个方向的中心线位置,取其中较大值
3	插筋	中心线位置	3	用尺测量纵、横两个方向的中心线位置,取其中较大值
		外露长度	±10,0	用尺测量
4	吊环	中心线位置	3	用尺测量纵、横两个方向的中心线位置,取其中较大值
		外露长度	0,−5	用尺测量
5	预埋螺栓	中心线位置	2	用尺测量纵、横两个方向的中心线位置,取其中较大值
		外露长度	+5,0	用尺测量

续表

项目	检验项目		允许偏差(mm)	检验方法
6	预埋螺母	中心线位置	2	用尺测量纵、横两个方向的中心线位置，取其中较大值
		平面高差	±1	钢直尺或塞尺测量高差
7	预留洞	中心线位置	3	用尺测量纵、横两个方向的中心线位置，取其中较大值
		尺寸	+3，0	用尺测量纵、横两个方向的尺寸，取其中较大值
8	灌浆套筒及连接钢筋	灌浆套筒中心线位置	1	用尺测量纵、横两个方向的中心线位置，取其中较大值
		连接钢筋中心线位置	1	用尺测量纵、横两个方向的中心线位置，取其中较大值
		连接钢筋外露长度	+5，0	用尺测量

预制构件外观质量缺陷　　**表 3.12-2**

名称	现象	严重缺陷	一般缺陷
露筋	构件内钢筋未被混凝土包裹而外露	构件任何部位钢筋有露筋	—
蜂窝	混凝土表面缺少水泥砂浆而形成石子外露	构件主要受力部位有蜂窝	其他部位有少量蜂窝
孔洞	混凝土中孔穴深度和长度均超过保护层厚度	构件任何部位有孔洞	—
夹渣	混凝土中夹有杂物且深度超过保护层厚度	构件主要受力部位有夹渣	其他部位有少量夹渣
疏松	混凝土中局部不密实	构件主要受力部位有疏松	其他部位有少量疏松
裂缝	缝隙从混凝土表面延伸至混凝土内部	构件主要受力部位有影响结构性能或使用功能的裂缝	其他部位有少量不影响结构性能或使用功能的裂缝
连接部位缺陷	构件连接处混凝土缺陷；连接钢筋、连接件松动；插筋严重锈蚀、弯曲；灌浆套筒堵塞、偏位，灌浆孔堵塞、偏位、破损等	连接部位有影响结构传力性能的缺陷	连接部位有基本不影响结构传力性能的缺陷
外形缺陷	缺棱掉角、棱角不直、翘曲不平、飞边凸肋等；装饰面砖粘结不牢、表面不平、砖缝不顺直等	清水混凝土或具有装饰的混凝土构件有影响使用功能或装饰效果的外形缺陷	其他混凝土构件有不影响使用功能的外形缺陷
外表缺陷	构件表面气泡、麻面、掉皮、起砂、沾污等	具有重要装饰效果的清水混凝土构件有外表缺陷	其他混凝土构件有不影响使用功能的外表缺陷

2. 预制板、预制墙板、预制梁柱、装饰构件类外观尺寸偏差和检验方法详见表 3.12-3 至表 3.12-6。

预制板类构件外形尺寸允许偏差及检验方法　　表 3.12-3

项次	检查项目			允许偏差(mm)	检验方法
1	长度、宽度		≤6m	±3	用尺量两端及中间，取其中偏差绝对值较大值
			>6m 且≤12m	±5	
			>12m 且≤18m	±8	
			>18m	±10	
2	厚度			±3	用尺量板四角和四边中部位置共 8 处，取其中偏差绝对值较大值
3	对角线差			5	在构件表面，用尺量测两对角线的长度，取其绝对值的差值
4	外形	表面平整度	清水面	2	用 2m 靠尺安放在构件表面上，用楔形塞尺量测靠尺与表面之间的最大缝隙
			非清水面	3	
5		侧向弯曲		L/1000 且≤8	拉线，钢尺量最大弯曲处
6		扭翘		L/1000 且≤10	四对角拉两条线，量测两线交点之间的距离，其值的 2 倍为扭翘值
7	预埋部件	预埋钢板、木砖	中心线位置偏移	5	用尺量测纵、横两个方向的中心线位置，取其中较大值
			平面高差	0，−5	用尺紧靠在预埋件上，用楔形塞尺量测预埋件平面与混凝土面的最大缝隙
8		预埋螺栓	中心线位置偏移	2	用尺量测纵、横两个方向的中心线位置，取其中较大值
			外露长度	+10，−5	用尺量测
9		预埋线盒、电盒	在构件平面的水平方向中心位置偏差	10	用尺量测
			与构件表面混凝土高差	0，−5	用尺量测
10	预留孔	中心线位置偏移		5	用尺量测纵、横两个方向的中心线位置，取其中较大值
		孔尺寸		±5	用尺量测纵、横两个方向尺寸，取其最大值
11	预留洞	中心线位置偏移		5	用尺量测纵、横两个方向的中心线位置，取其中较大值
		洞口尺寸、深度		±5	用尺量测纵、横两个方向尺寸，取其最大值
12	预留插筋	中心线位置偏移		3	用尺量测纵、横两个方向的中心线位置，取其中较大值
		外露长度		±5	用尺量测
13	吊环、吊钉	中心线位置偏移		10	用尺量测纵、横两个方向的中心线位置，取其中较大值
		留出高度		0，−10	用尺量测

续表

项次	检查项目	允许偏差(mm)	检验方法
14	桁架钢筋高度	+3,0	用尺量测
15	主筋保护层	+5,−3	保护层测定仪量测

注：L 为构件长度（mm）。

预制墙板类构件外形尺寸允许偏差及检验方法　　表 3.12-4

<table>
<tr><th>项次</th><th colspan="3">检查项目</th><th>允许偏差(mm)</th><th>检验方法</th></tr>
<tr><td>1</td><td colspan="3">宽度、高度</td><td>±3</td><td>用尺量两端及中间，取其中偏差绝对值较大值</td></tr>
<tr><td>2</td><td colspan="3">厚度</td><td>±2</td><td>用尺量板四角和四边中部位置共 8 处，取其中偏差绝对值较大值</td></tr>
<tr><td>3</td><td colspan="3">对角线差</td><td>5</td><td>在构件表面，用尺量测两对角线的长度，取其绝对值的差值</td></tr>
<tr><td rowspan="3">4</td><td colspan="2" rowspan="3">门窗口</td><td>位置偏移</td><td>3</td><td>用尺量测</td></tr>
<tr><td>规格尺寸</td><td>±4</td><td>用尺量测</td></tr>
<tr><td>对角线差</td><td>4</td><td>用尺量测</td></tr>
<tr><td rowspan="2">5</td><td rowspan="4">外形</td><td rowspan="2">表面平整度</td><td>清水面</td><td>2</td><td rowspan="2">用 2m 靠尺安放在构件表面上，用楔形塞尺量测靠尺与表面之间的最大缝隙</td></tr>
<tr><td>非清水面</td><td>3</td></tr>
<tr><td>6</td><td colspan="2">侧向弯曲</td><td>L/1000 且≤5</td><td>拉线，钢尺量最大弯曲处</td></tr>
<tr><td>7</td><td colspan="2">扭翘</td><td>L/1000 且≤5</td><td>四对角拉两条线，量测两线交点之间的距离，其值的 2 倍为扭翘值</td></tr>
<tr><td rowspan="2">8</td><td rowspan="8">预埋部件</td><td rowspan="2">预埋钢板木砖</td><td>中心线位置偏移</td><td>5</td><td>用尺量测纵、横两个方向的中心线位置，记录其中较大值</td></tr>
<tr><td>平面高差</td><td>0,−5</td><td>用尺紧靠在预埋件上，用楔形塞尺量测预埋件平面与混凝土面的最大缝隙</td></tr>
<tr><td rowspan="2">9</td><td rowspan="2">预埋螺栓</td><td>中心线位置偏移</td><td>2</td><td>用尺量测纵、横两个方向的中心线位置，记录其中较大值</td></tr>
<tr><td>外露长度</td><td>+10,−5</td><td>用尺量测</td></tr>
<tr><td rowspan="2">10</td><td rowspan="2">预埋螺母、套筒</td><td>中心线位置偏移</td><td>2</td><td>用尺量测纵、横两个方向的中心线位置，记录其中较大值</td></tr>
<tr><td>平面高差</td><td>0,−5</td><td>用尺紧靠在预埋件上，用楔形塞尺量测预埋件平面与混凝土面的最大缝隙</td></tr>
<tr><td rowspan="2">11</td><td rowspan="2">预埋线盒、电盒</td><td>在构件平面的水平方向中心位置偏差</td><td>10</td><td>用尺量测</td></tr>
<tr><td>与构件表面混凝土高差</td><td>0,−5</td><td>用尺量测</td></tr>
<tr><td rowspan="2">12</td><td rowspan="2">预留孔</td><td colspan="2">中心线位置偏移</td><td>5</td><td>用尺量测纵、横两个方向的中心线位置，记录其中较大值</td></tr>
<tr><td colspan="2">孔尺寸</td><td>±5</td><td>用尺量测纵、横两个方向尺寸，取其最大值</td></tr>
</table>

续表

项次	检查项目		允许偏差(mm)	检验方法
13	预留洞	中心线位置偏移	5	用尺量测纵、横两个方向的中心线位置,取其中较大值
		洞口尺寸、深度	±5	用尺量测纵、横两个方向尺寸,取其最大值
14	预留插筋	中心线位置偏移	3	用尺量测纵、横两个方向的中心线位置,取其中较大值
		外露长度	±5	用尺量测
15	吊环、吊钉	中心线位置偏移	10	用尺量测纵、横两个方向的中心线位置,取其中较大值
		与构件表面混凝土高差	0,−10	用尺量测
16	键槽	中心线位置偏移	5	用尺量测纵、横两个方向的中心线位置,取其中较大值
		长度、宽度	±5	用尺量测
		深度	±5	用尺量测
17	灌浆套筒及连接钢筋	灌浆套筒中心线位置	2	用尺量测纵、横两个方向的中心线位置,取其中较大值
		连接钢筋中心线位置	2	用尺量测纵、横两个方向的中心线位置,取其中较大值
		连接钢筋外露长度	+10,0	用尺量测
18	主筋保护层		+5,−3	保护层测定仪量测

注:L 为构件长度(mm)。

预制梁柱类构件外形尺寸允许偏差及检验方法　　表 3.12-5

项次	检查项目		允许偏差(mm)	检验方法
1	长度	≤6m	±3	用尺量两端及中间,取其中偏差绝对值较大值
		>6m 且≤12m	±5	
		>12m 且≤18m	±8	
		>18m	±10	
2	截面尺寸		±3	用尺量两端及中间部,取其中偏差绝对值较大值
3	表面平整度	清水面	2	用 2m 靠尺安放在构件表面上,用楔形塞尺量测靠尺与表面之间的最大缝隙
		非清水面	3	
4	侧向弯曲	梁柱	$L/1000$ 且≤10	拉线,钢尺量最大弯曲处
		桁架	$L/1000$ 且≤10	
5	梁设计起拱		±5	沿构件长度方向拉线,用尺量测构件底面中间部位与拉线之间的最大垂直距离,减去拉线端定线垫板的厚度

续表

项次	检查项目			允许偏差(mm)	检验方法
6	预埋部件	预埋钢板	中心线位置偏移	5	用尺量测纵、横两个方向的中心线位置，取其中较大值
			平面高差	0，−5	用尺紧靠在预埋件上，用楔形塞尺量测预埋件平面与混凝土面的最大缝隙
7		预埋螺栓	中心线位置偏移	2	用尺量测纵、横两个方向的中心线位置，取其中较大值
			外露长度	+10，−5	用尺量测
8		预埋套筒、螺母	中心线位置偏移	2	用尺量测纵、横两个方向的中心线位置，取其中较大值
			平面高差	0，−5	用尺紧靠在预埋件上，用楔形塞尺量测预埋件平面与混凝土面的最大缝隙
9	预留孔	中心线位置偏移		5	用尺量测纵、横两个方向的中心线位置，取其中较大值
		孔尺寸		±5	用尺量测纵、横两个方向尺寸，取其最大值
10	预留洞	中心线位置偏移		5	用尺量测纵、横两个方向的中心线位置，取其中较大值
		洞口尺寸、深度		±5	用尺量测纵、横两个方向尺寸，取其最大值
11	预留插筋	中心线位置偏移		3	用尺量测纵、横两个方向的中心线位置，取其中较大值
		外露长度		±5	用尺量测
12	吊环、吊钉	中心线位置偏移		10	用尺量测纵、横两个方向的中心线位置，取其中较大值
		留出高度		0，−10	用尺量
13	键槽	中心线位置偏移		5	用尺量测纵、横两个方向的中心线位置，取其中较大值
		长度、宽度		±5	用尺量测
		深度		±5	用尺量测
14	灌浆套筒及连接钢筋	灌浆套筒中心线位置		2	用尺量测纵、横两个方向的中心线位置，取其中较大值
		连接钢筋中心线位置		2	用尺量测纵、横两个方向的中心线位置，取其中较大值
		连接钢筋外露长度		+10，0	用尺量测
15	主筋保护层			+5，−3	保护层测定仪量测

注：L 为构件长度（mm）。

装饰构件外观尺寸允许偏差及检验方法　　表 3.12-6

项次	装饰种类	检查项目	允许偏差(mm)	检验方法
1	通用	表面平整度	2	2m 靠尺或塞尺检查
2	面砖、石材	阳角方正	2	用阴阳角尺检查
3		上口平直	2	拉通线用钢尺检查
4		接缝平直	3	用钢尺或塞尺检查
5		接缝深度	±5	用钢尺或塞尺检查
6		接缝宽度	±2	用钢尺检查

第 4 章

预制装配式混凝土建筑现场施工监理技术

4.1 预制构件进场验收监理要点

4.1.1 编码、建档

装配式建筑结构构件编码基本原则和方法应符合国家标准《信息分类和编码的基本原则与方法》GB/T 7027 —2002 及行业标准《建筑产品分类和编码》JG/T 151—2015 的规定；符合唯一性、合理性、可扩充性、简明性、适用性、规范性、可追溯性的基本要求；对于结构构件进度、质量、成本等的信息化管理，以编码作为数据关联的基础。

编码应包括：项目代码、构件类型代码、构件名称代码、生产厂家代码、生产日期代码、识别码。装配式建筑结构构件的表面可根据管理需要标识编码的全部或部分内容，采用 RFID、二维码等身份识别技术，将构件与编码关联。

建立构件生产和安装各环节档案管理信息系统，实现全过程质量追踪、定位、维护和责任追溯。

检查盖章分黑色、蓝色和红色标识。黑色为构件信息编码章，注明项目代码、构件类型代码、构件名称代码、生产厂家代码、生产日期代码及识别码。蓝色为构件厂三检过程盖章，分三种章：第一种为生产工人在构件蒸养后拆模前的自检，生产班长全数检查合格后盖章；第二种为构件厂管理人员、质检员巡检或者抽检合格后盖章；第三种为出货前的检查合格后盖章。红色为监理工程师检查章，分三种章：第一种为构件出厂前驻厂监理工程师检查合格后盖章；第二种为构件到达现场后监理工程师检查合格后盖章；第三种为构件安装到位后检查合格后盖章，见图 4.1-1。

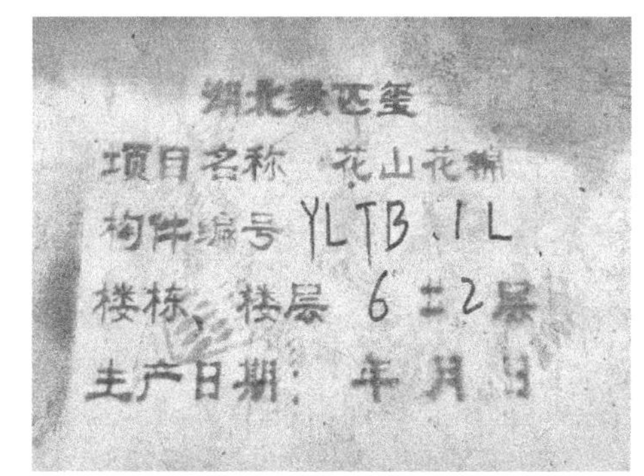

图 4.1-1 过程检验章（一）

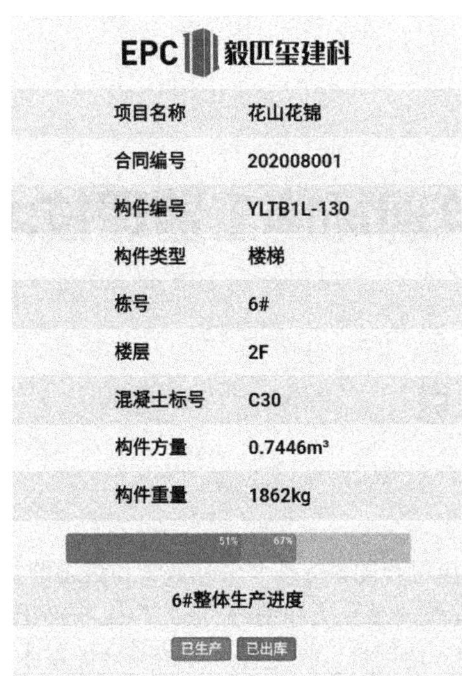

图 4.1-1　过程检验章（二）

4.1.2　依规验收

1. 预制构件批量生产前应进行构件试生产，三次证明模具合格方可进行构件批量生产。

2. 按照《装配式混凝土建筑技术标准》GB/T 51231—2016 中相关规定进行首件验收：预制混凝土构件生产企业在同一个项目上生产的同类型首个预制构件，建设单位应组织设计、施工、监理等单位及预制构件生产企业进行首件验收，合格后方可批量生产。

3. 建议在各类型构件首件验收完成后进行构件试拼装，便于及时发现各种预留、预埋存在的问题，监理单位需及时组织协调，请设计单位予以调整，避免大规模生产后引起不必要的损失。

4. 构件场内转运、出厂前，驻厂监理工程师对构件进行强度回弹检测，强度实测值达到设计强度的 75%以上时方可进行场内转运、出厂。

5. 检查构件成型后灌浆孔、出浆孔的通透性，检查的方法可以冲水法或光照检查法。

6. 检查预制构件入库台账；构件存放场地要平整，表面要混凝土硬化，并有排水措施。

7. 检查构件上是否标明生产厂家、所属项目及产品编号、重量、生产日期等。

8. 检查水平构件堆放层数，严禁超过 6 层，楼梯、梁柱不宜超过 3 层；垫木结合吊点位置上下要对齐，最下面一层垫木要通长布置，各层之间垫木距板端不大于 200mm，且间距不大于 1600mm。

9. 检查竖向构件必须采用专用货架进行固定摆放，采用背靠架或插架竖向存放，构件两侧附加临时支撑，数量不少于两道，且支撑点的高度在构件高度 1/2～2/3 处。

10. 根据现场提供的供货信息，装车前驻厂监理工程师核查构件有无开裂及二次破坏等情况，检查运输过程中的安全和成品保护措施。

4.1.3 外观检查

预制构件验收记录表见表 4.1-1。

预制构件验收记录表 **表 4.1-1**

单位(子单位)工程名称		验收部位	
分部(子分部)工程名称		验收容量	
生产单位		技术负责人	
施工经理		检验时间	

项目			允许偏差(mm)	测量值(mm)										合格率
长度	楼板、梁、柱、桁架	<12m	±5											
		≥12m 且<18m	±10											
		≥18m	±20											
	墙板		±4											
宽度、高(厚)度	楼板、梁、柱、桁架		±5											
	墙板		±4											
表面平整度	楼板、梁、柱、墙板内表面		5											
	墙板外表面		3											
侧向弯曲	楼板、梁、柱		L/750 且≤20											
	墙板、桁架		L/1000 且≤20											
翘曲	楼板		L/750											
	墙板		L/1000											
对角线	楼板		10											
	墙板		5											
预留孔	中心线位置		5											
	孔尺寸		±5											
预留洞	中心线位置		10											
	洞口尺寸、深度		±10											
预埋件	预埋板中心线位置		5											
	预埋板与混凝土面平面高差		0,−5											
	预埋螺栓		2											
	预埋螺栓外露长度		+10,−5											
	预埋套筒、螺母中心线位置		2											
	预埋套筒、螺母与混凝土面平面高差		±5											
预留插筋	中心线位置		5											
	外露长度		+10,−5											
键槽	中心线位置		5											
	长度、宽度		±5											
	深度		±10											

注：L 为构件长度（mm）。

检查中心线、螺栓和孔道位置偏差时，沿纵、横两个方向量测，并取其中偏差较大值，见第 3 章表 3. 12-2。

4.1.4　预制构件成品尺寸允许偏差及检验方法

预制板类构件外形尺寸允许偏差及检验方法见第 3 章表 3. 12-3 至表 3. 12-5。

4.1.5　预制构件外观质量及检验方法

装饰构件外观尺寸允许偏差及检验方法见第 3 章表 3. 12-6。

4.2　构件堆放监理要点

4.2.1　构件堆放

堆放构件的场地平整坚实并保持排水良好，堆放时板底与地面之间应有一定的空隙，约 300mm。卸放、吊装工作范围内，不得有障碍物，根据施工流水，为保证工序连续，要求每个流水段至少存放一个标准单元的预制构件。

预制构件运至现场后，根据总平面布置按吊装顺序、规格、品种、所用部位分别设置堆场，堆垛之间应设置 800mm 宽度通道，见图 4. 2-1。

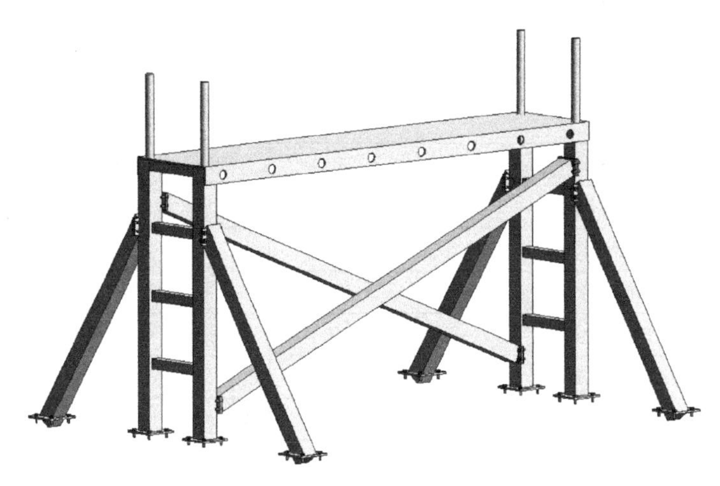

图 4. 2-1　预制墙板两侧堆放架效果图

预制叠合梁采用平放方式；预制叠合阳台板、预制叠合板、预制楼梯采用叠放方式，层间应垫平、垫实，垫块位置安放在构件吊点部位。

堆放构件时保证最下层构件垫实，预埋吊件向上，标志向外。

预制墙体存放时采用定型存放架，采用方钢管组装，周边设置防护栏杆。预制外墙板插放时，在 200mm 厚内承重墙下垫一根 100mm×100mm 的方木，以防对保温板及外侧的饰面板造成损坏，见图 4. 2-2。

存放板架子立柱为 100mm 厚方钢管，高为 2. 52m，底座为 12mm 厚钢板牛腿与立柱

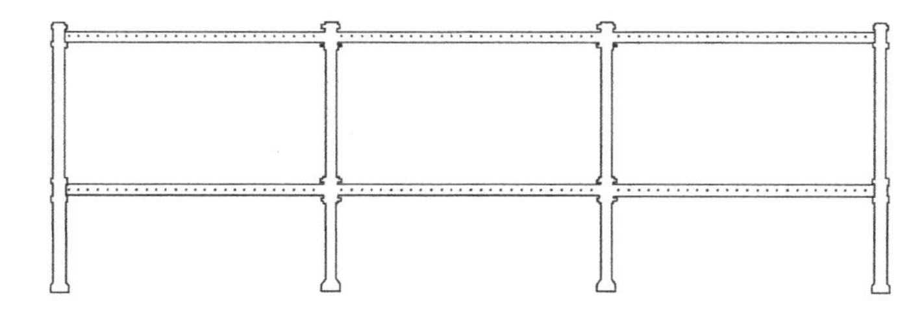

图 4.2-2 预制墙板堆放示意图

焊接，焊缝等级为二级；立柱上下各一道水平方钢管，水平方钢管长 4m，上面留孔，孔内径为 52mm，间距为 180mm；立柱与水平方钢管现场组装，立柱采用 500mm×500mm×500mm 混凝土墩固定。

预制梁堆放时，应采用方木垫衬、不叠加堆放。

预制叠合板堆放时应垫方木，垫木应放置在叠合板吊点处，板两端（至板端 200mm）及跨中均设置垫木且间距不大于 1.6m，垫木必须上下对齐；叠合板堆放层数不得超过 6 层。垫木的长、宽、高均不宜小于 100mm，垫木的摆放见图 4.2-3。

预制楼梯摆放：堆放层数不超过 4 层，支点与吊点同位；支点方木高度考虑起吊角度；楼梯到场后立即成品保护（起吊时防止端头磕碰；起吊角度大于安装角度 1°～2°），见图 4.2-4。

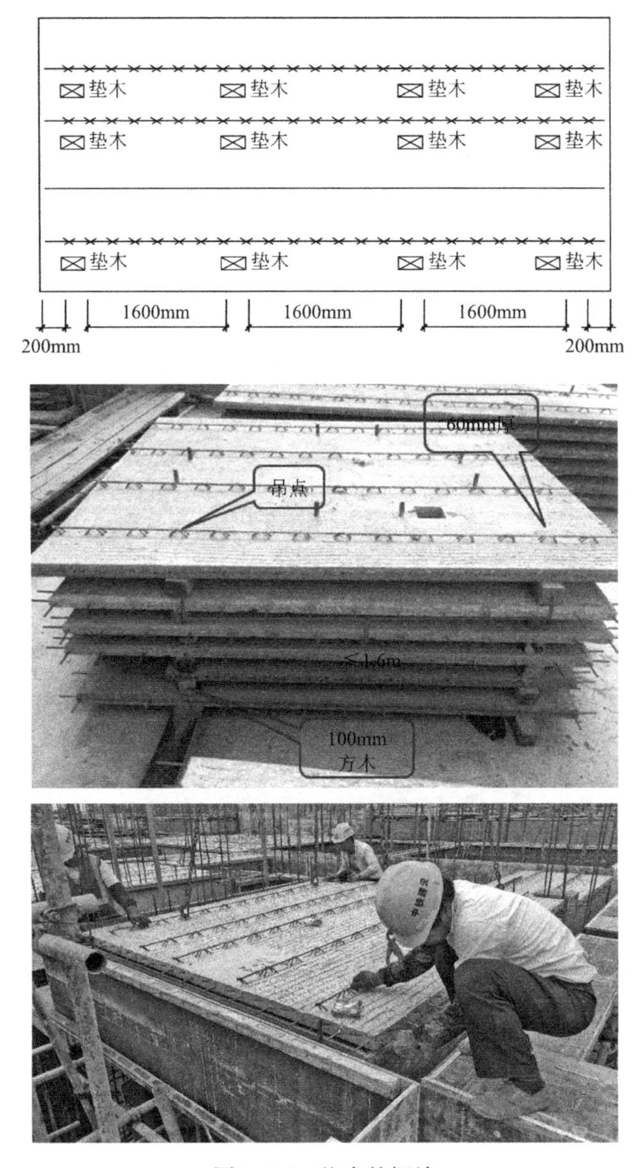

图 4.2-3　垫木的摆放

4.2.2　构件成品保护

堆放过程中采用钢扁担，使预制混凝土构件在吊装过程中保持平衡、平稳和轻放，在轻放前也要在预制混凝土构件堆放的位置放置棉纱或者橡胶块或者枕木等，使预制混凝土构件的下部保持柔性结构；楼梯、阳台等预制混凝土构件必须单块堆放，叠放时用四块尺寸大小统一的木块衬垫，木块高度必须大于叠合板外露马凳筋和棱角等的高度，以免预制混凝土构件受损，同时衬垫上适度放置棉纱或者橡胶块，保持预制混凝土构件下部为柔性结构。在吊装施工的过程中更要注意成品保护的方法，在保证安全的前提下，要使预制混凝土构件轻吊轻放。同时，安装前先将塑料垫片放在预制混凝土构件微调的位置，塑料垫片为柔性结构，这样可以有效地降低预制混凝土构件的受损。

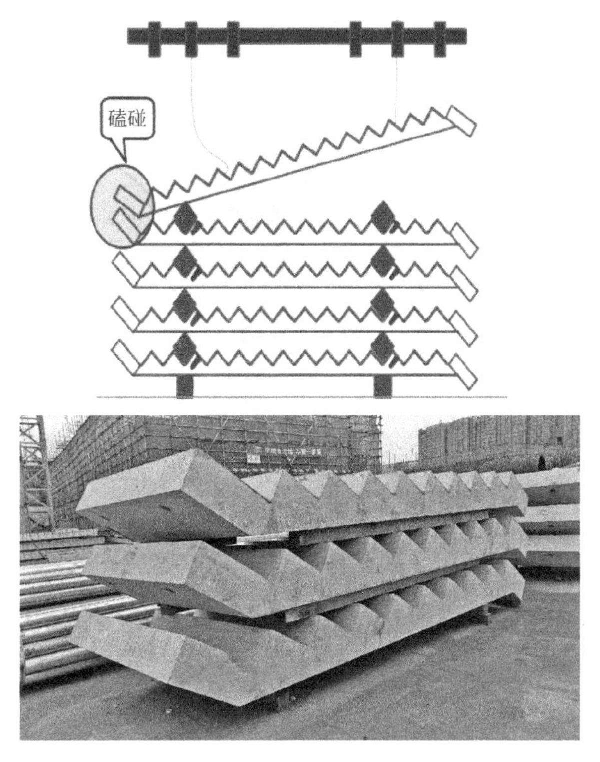

图 4.2-4 预制楼梯摆放

4.3 首件验收内容

1. 检查表面平整度、垂直度偏差。
2. 检查板厚、边长及对角线偏差。
3. 检查门窗洞口定位尺寸偏差。
4. 检查预埋件及铝模板预留洞尺寸偏差。
5. 检查吊钉、预埋套筒位置尺寸偏差。
6. 检查预埋线盒线管位置尺寸偏差。
7. 检查构件表面是否有蜂窝麻面、裂缝、缺角以及影响质量的修补现象。
8. 检查凸窗、压槽、与现浇段水洗面等细部做法是否符合要求。

4.4 测量放线监理要点

4.4.1 定位测量控制

预制装配式结构，定位测量与标高控制，是一项施工重要内容，关系到装配式建筑物定位、安装、标高控制的准确性，针对工程特点，采取先控制提供的坐标系统，逐渐引进、逐渐控制。平面控制采用网状控制法，施工方格控制网，在相对应引测点部位设置4

个 250mm×250mm 的预留孔作为通视孔，见图 4.4-1。

图 4.4-1　放线演示图

4.4.2　轴线引测

根据工程建筑的平面形状特点，通过地面上设置的控制网，在建筑物的地下室顶板面上设置垂直控制点，形成十字相交，组成十字平面控制网，避开每层的墙体位置，并且点与点之间不被墙体预留钢筋挡住视线。浇筑顶板混凝土时，在相交点各设置固定引测点(放线孔)，浇筑完毕放线后，依据固定引测点测量放线。

4.4.3　构件定位控制

每块预制构件进场验收通过后，统一按照板下口往上 1000mm 弹出水平控制线；按照板左右两边往内 200mm 各弹出两条竖向控制线。预制混凝土墙板、预制阳台板、楼梯控制线依次由轴线控制网引出，每块预制构件均有纵、横两条控制线，并以控制轴线为基准在楼板上弹出墙体边线及构件 200mm 控制线，构件安装后楼面墙体边线应与构件边缘相吻合，墙体距离控制线为 200mm，见图 4.4-2。

图 4.4-2　构件定位示意图

4.4.4 监理验收要点

1. 利用激光投点仪从底层投点至施工楼层，核验引测点位置是否准确。
2. 依据引测点及施工图轴网，核验轴线是否准确。
3. 依据轴线及图纸设计墙体位置检查墙体定位线及控制线是否准确。

4.5 竖向构件安装监理要点

4.5.1 竖向构件预留插筋控制

在墙体模板安装和墙体混凝土浇筑时要时刻保护好预制墙体插筋的位置，保证预制墙体插筋位置准确，在墙体混凝土浇筑时要注意插筋插入套筒段的保护，避免混凝土污染钢筋套筒接头部分，发现有污染时要及时清理。竖向构件安装前，首先要检查预留插筋施工质量，必须确保钢筋定位准确。

控制措施和连接钢筋位置校正具体做法如下：

第一次校正：墙体合模完成后，对模板上口尺寸进行复核，无误后对连接钢筋进行精确放线调整，绑扎第二道专用水平梯子筋，调整完毕后用定制的钢筋定位钢板套上钢筋，校核钢筋位置。

第二次校正：在墙体混凝土初凝前，再次用定位钢板对插筋的位置进行检查。若有偏差及时进行校正，保证预制墙体插筋位置的准确。

第三次校正：在墙体混凝土终凝后，顶板混凝土浇筑前，将定位钢板套入插筋，按照控制线，检查墙体插筋位置，并进行最终精确调整。

在预制墙体插筋固定后，必须报监理工程师，验收合格签字后方可进行墙体混凝土浇筑，插筋固定见图 4.5-1、图 4.5-2。

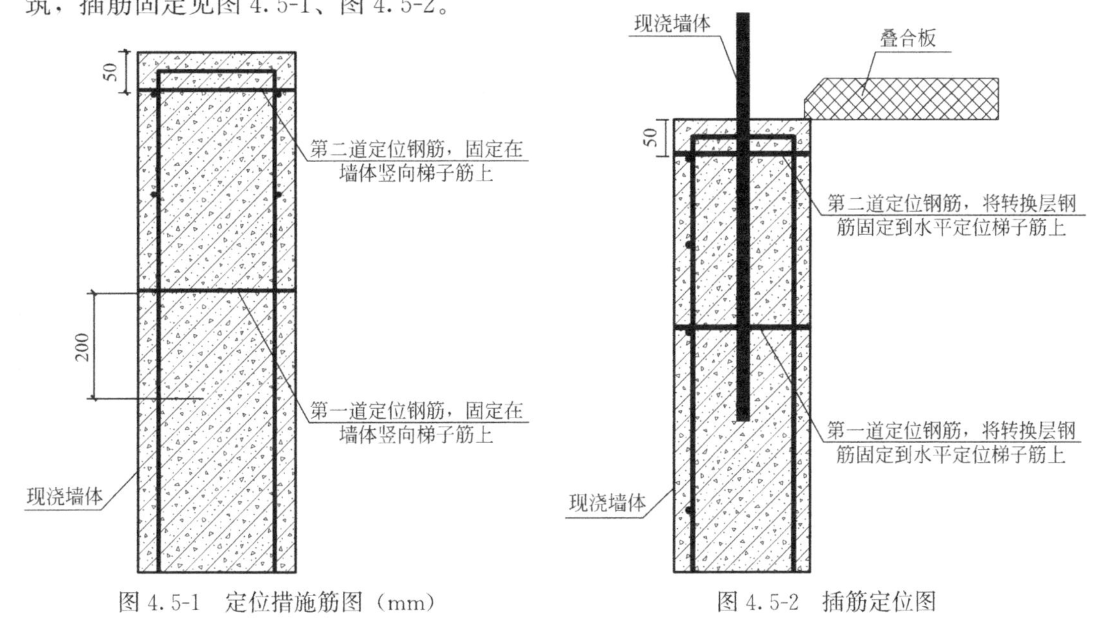

图 4.5-1 定位措施筋图（mm）　　图 4.5-2 插筋定位图

4.5.2　竖向构件定位及标高控制

要求施工单位根据施工图纸在楼板上弹出墙体定位边线、控制线，在现浇段钢筋上标记出标高 50cm 控制线。预制墙体吊装就位时利用墙边控制线快速定位，定位时利用镜子对准套筒，墙板慢慢下落就位，保证预埋钢筋快速插入灌浆套筒中。

预制墙体标高控制采用垫片尺寸为 40mm×40mm，厚度为 1mm、3mm、5mm、10mm、20mm 的多规格调节标高垫片，每块墙体设置四处，在上下层预制墙体之间现浇带距离预制墙体端部 500mm 处各设置两处，吊装预制墙体前采用钢板调节标高，保证上层预制墙体的标高，见图 4.5-3、图 4.5-4。

图 4.5-3　多规格调节标高垫片

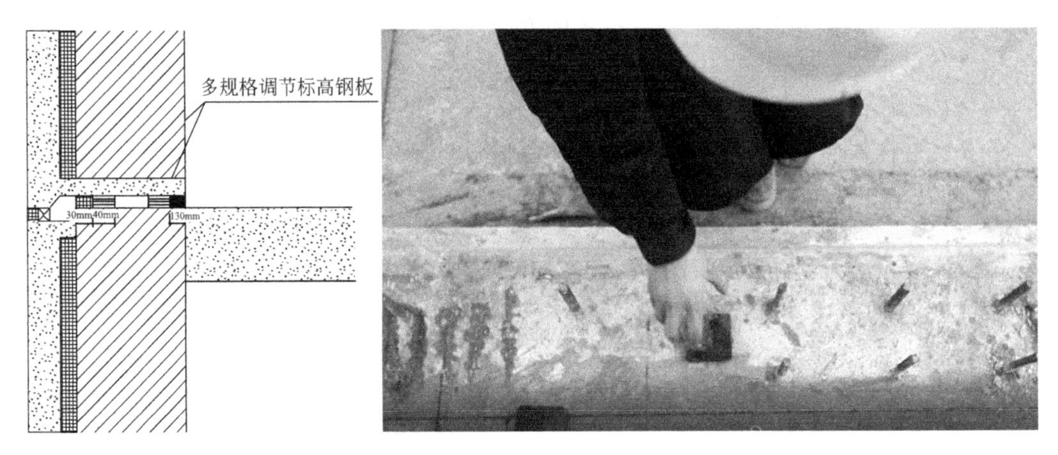

图 4.5-4　多规格钢板调节标高示意图

4.5.3　坐浆分仓控制

预制墙板与楼地面有 20mm 空隙，在墙体与楼面接触部位采用专用密封砂浆预先做灰饼控制墙板的标高。部分墙体长度较长导致灌浆路径过长，灌浆路径过长时应做分仓处理，分仓长度沿墙长方向不应大于 1.5m，并应对各仓接缝周围进行封堵。

外墙外侧采用 30mm×25mm 的橡胶条（严禁拆除），外墙内侧及内墙采用专用密封砂浆对灌浆进行分区，单边入墙厚度不应大于 20mm，每个区域除预留灌浆孔、出浆孔和排气孔（排气孔留置在距离灌浆口较远端处）。外墙内侧及内墙四周待墙体吊装、固定、校正完毕后再用专用密封砂浆进行封堵。

橡胶条放置应规整，严禁随意放置；墙体降落时应派专人对橡胶条的外置进行看管，偏移时应及时进行调整，灌浆分区见图 4.5-5。

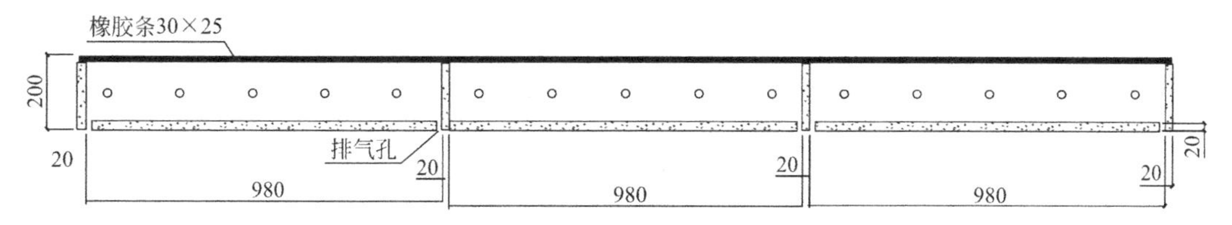

图 4.5-5 灌浆分区（mm）

4.5.4 竖向构件吊装控制

预制墙体吊装前，严禁进行暗柱钢筋绑扎，避免墙体、暗柱钢筋绑扎后给预制外墙安装、预制装配式外挂墙板连接件安装、外墙竖缝自粘胶封缝施工带来不便。

根据墙边线，混凝土工应对墙体根部（含预制墙体和现浇墙体）剔除、凿毛处理，直至漏出混凝土石子，最后将施工缝位置松动石子及混凝土渣子清除并用水冲洗干净，以便新旧混凝土及灌浆料更好地结合。

竖向构件吊装时，首先检查吊具、吊索有无影响正常使用的缺陷及紧固程度，确保构件吊装安全。吊装时要求塔式起重机缓慢起吊，在距离安装位置 500mm 高时停止塔式起重机下降，检查墙板的正反面是否与图纸一致，然后用两根溜绳和搭钩钩住，将板拉住，缓缓下降墙板。当构件起吊时，所有人员不得站在吊物下方，并应保持一定的安全距离。

根据竖向构件的吊环位置采用合理的起吊点，保证钢丝绳方向与构件垂直，用卸扣将钢丝绳与构件的预留吊环连接，起吊至距地 500mm 时，检查吊环连接无误后方可继续起吊。起吊时要缓慢、匀速，保证预制构件边缘不被损坏，见图 4.5-6。

预制构件吊装采用慢起、快升、缓放的操作方式，预制构件吊装前应进行试吊。起吊应依次逐级增加速度，不应越档操作。构件根部应系好缆风绳控制构件转动，保证构件就位平稳。六级及以上大风天气严禁进行吊装作业。

4.5.5 竖向构件斜支撑安装控制

竖向构件斜支撑结构由支撑杆与 U 形卡座组成，其中支撑杆由正反调节丝杆、外套管、手把、正反螺母、高强销轴、固定螺栓组成。用于承受预制墙板的侧向荷载和调整预制墙板的垂直度。斜支撑的材质、规格型号应通过构件厂受力验算。U 形卡座应预埋固定在楼板，按照设计、方案控制埋入及外露长度。

墙板按照位置线就位后，若有偏差需要调节，则可利用小型撬棍在墙板侧面进行微调，撬棍必须用棉布进行包裹，以免施撬时对墙板造成损坏。

竖向构件安装就位后，应及时进行斜撑加固。先将固定钢板卡座安装在预制墙板上，然后将斜支撑安装在墙板上，另一端与埋设在楼板上的 U 形卡座连接。利用长钢管斜撑调节杆，通过长钢管上的可调节装置对墙板顶部水平位移的调节来控制其垂直度，见图 4.5-7。

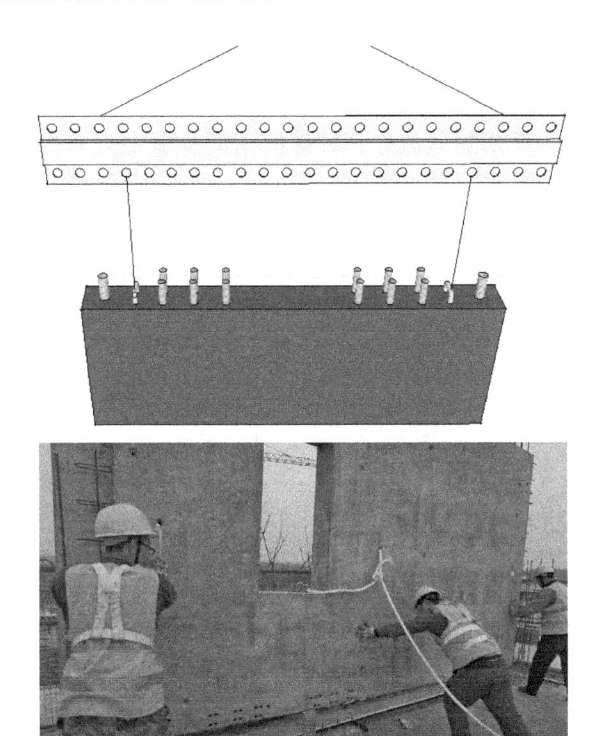

图4.5-6　预制墙体起吊示意图

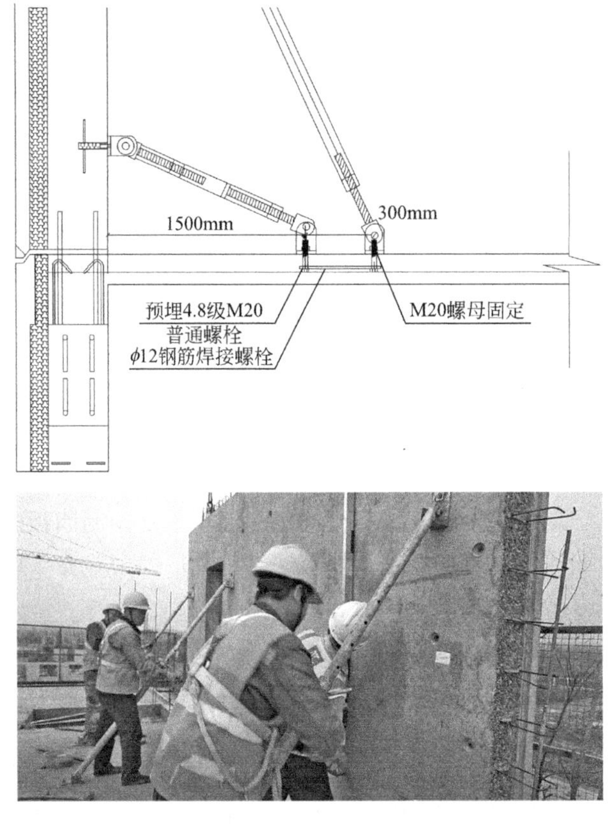

图4.5-7　墙体斜支撑安装示意图

4.5.6 预制外墙安装要点

1. 预制外墙起吊前准备工作

清理结合面，根据定位轴线，在已施工完成的楼层板上放出预制墙体定位边线及200mm控制线，并做一个200mm控制线的标识牌，用于现场标注说明该线为200mm控制线，方便施工操作及墙体控制。弹出墙体边线及200mm控制线，用自制钢筋卡具对钢筋的垂直度、定位及高度进行复核，对不符合要求的钢筋进行校正，确保上层预制外墙上的套筒与下层预留钢筋能够顺利对孔。

2. 预制外墙起吊

吊装时设置两名信号工，起吊处一名，吊装楼层上一名。另外，墙吊装时配备一名挂钩人员，楼层上配备三名安放及固定外墙人员。吊装前由质量负责人核对墙板型号、尺寸，检查质量无误后，由专人负责挂钩，待挂钩人员撤离至安全区域后，由下面信号工确认构件四周安全情况，确认无误后进行试吊，指挥缓慢起吊，起吊到距离地面500mm左右时，确定塔式起重机起吊装置安全后，继续起吊。

3. 预制外墙安装

待墙体下放至距楼面500mm处，根据预先定位的导向架及控制线微调，微调完成后减缓下放。由两名专业操作工人手扶引导降落，降落至距楼面100mm时，一名工人利用专用目视镜观察连接钢筋是否对孔（工作面上吊装人员提前按构件就位线和标高控制线及预埋钢筋位置调整好，将垫铁准备好，使构件就位至控制线内，并放置垫铁）。

4. 墙体标高控制

控制墙体标高可采用以下两种方法。

1）方法一：预制外墙吊装前在墙体内侧弹出500mm控制线。墙体吊装完成后，此控制线距楼层标高为500mm。

500mm控制线主要做法依据：保证预制墙体吊装完成后墙体上口内侧标高误差控制在±3mm以内，有门窗洞口的墙体保证洞口定位误差在±3mm以内。

弹线方法：以无门窗预制墙体高度2750mm为例，从墙体顶部两侧测量x、y长度以2270mm长度控制，有门窗洞口墙体需再考虑洞口定位弹线。墙体吊装之前在室内架设激光扫平仪，扫平标高为500mm，墙体定位完成缓慢降落过程中通过激光线与墙体500mm控制线进行校核，墙体下部通过调节钢垫片进行标高调节，直至激光线与墙体500mm控制线完全重合。

2）方法二：使用水准仪测出待吊装层所有预制外墙落位处四个放置垫片角落处的标高，由技术人员计算出该层预制外墙落位处的平均值，如最低处与最高处差值过大可取平均区间，或者将几处最低和最高的部位进行处理后再取平均值。

将各点的标高值与平均标高值记录清楚，待对应的预制外墙进场后，通过验收后可得出对应垫片位置的内墙高度值，然后根据层高2900mm进行等式计算，可得出放置垫片的高度值。

需要注意的是，由于垫片的原始放置面与上层预制外墙的下侧接触面均为粗糙面，在测量标高前，需人工对放置面进行处理，确保其水平。在待吊装预制外墙下侧的垫片接触面需要进行同样处理，确保此处的水平，且与对应的内叶墙外边缘在一条水平线上，如凸出或凹陷太多，在最后放置垫片时可进行相应调整。

此方法可确保每一层的外墙横缝在一条水平线上，确保横缝可一次性达到最优效果。

同时，如果一块预制外墙能够满足进场验收的标准，则其对角线值可达到设计要求，反映到预制外墙上就是该构件无限接近于一个规整的矩形，同时也满足了外墙竖缝在一条垂线上。由于预制外墙之间的横缝和竖缝的设计要求为 20mm，在确保外墙缝通直的同时，仍需满足设计图纸中预制外墙吊装、安装就位和连接施工中的误差允许值，即预制墙板水平/竖向缝宽度≤2mm。

当首层吊装完毕后，可通过测量平均标高值，控制以上每一层的标高，最终控制整栋楼的高度。如在二层底板浇筑完毕后，得出标高比原设计标高高出 5mm，可通过调节垫片的高度，或浇筑混凝土的高度，每一次消除 1mm 的误差，到第六层施工完毕后可完全消除 5mm 的误差。

5. 支撑体系的安装

墙体停止下落后，由专人安装斜支撑和七字码，利用斜支撑和七字码固定并调整预制墙体，确保墙体安装垂直度。构件调整完成后，复核构件定位及标高无误后，由专人负责摘钩，斜支撑最终固定前，不得摘除吊钩（预制墙体上需预埋螺母，以便斜支撑固定）。

斜支撑固定完成后在墙体底部安装七字码，用于加强墙体与主体结构的连接，确保后续作业时墙体不产生位移。每块墙体安装两根可调节斜支撑和两个七字码。

6. 位置、标高确认

通过靠尺核准墙体垂直度，水准仪核准墙体标高，调节斜支撑使墙体定位准确，最后固定斜支撑。竖向构件拼装见图 4.5-8。

图 4.5-8　竖向构件拼装

4.6 水平构件安装监理要点

4.6.1 测量放线控制

按照装配式结构深化图纸在墙体上弹出叠合板边线和叠合板中心线，在剪力墙面上弹出+1.000m水平线，墙顶弹出板安放位置线，并做出明显标志，以控制水平构件安装标高和平面位置，监理工程师要做好控制线的检查复核工作。

4.6.2 顶板支撑支设体系控制

依据设计、方案要求检查支撑立杆间距，扫地杆、水平杆布局，以及钢管立杆与钢管水平横杆用扣件锁紧情况，确保钢管支撑架的水平横杆连接成一个整体，以增加叠合板支撑的整体性、稳定性，叠合板安装楼板前检查支撑标高是否符合设计标高要求。

4.6.3 叠合板安装要点

吊装时吊点位置以深化设计图或进场预制叠合板标记的吊点位置为准，不得随意改变吊点位置，吊点对称分布，确保构件吊装时受力均匀、吊装平稳。

叠合板吊装过程中，在作业层上空300mm处略作停顿，系好缆风绳控制构件转动，保证构件就位平稳，根据叠合板位置调整叠合板方向进行定位。吊装过程中注意避免叠合板上的预留钢筋与墙体的竖向钢筋碰撞，叠合板停稳慢放，严禁快速猛放，以避免冲击力过大造成板面震折裂缝。六级及以上大风天气严禁进行吊装作业。

叠合板就位校正时，采用楔形小木块嵌入调整，不得直接使用撬棍调整，以免出现板边损坏。叠合板安装完后进行标高校核，调节板下的可调支撑。

4.6.4 预制梁安装要点

1. 预先架立好竖向支撑，调整好标高。

2. 预制梁以柱轴线为控制线，兼作外围护结构的边梁，以外界面为控制线。

3. 梁吊装过程中防止伸出的钢筋挂碰其他构件。

4. 梁就位后测量标高与位置误差，符合要求后，需架立斜支撑。

5. 预制梁安装应选用合适的支撑体系并通过验算确定支撑间距，模板优先选用轻质高强的面板材料。

6. 预制梁施工前，应核对构件编号，确认安装位置，标注吊装顺序。施工前应对吊点进行复核性验算，同时对叠合板、叠合梁的叠合面与桁架钢筋、梁箍筋进行检查。

7. 预制梁起吊时，宜采用一字形吊梁进行吊装，起吊时先吊至距地面500～1000mm处略做停顿，检查钢丝绳、吊钩的受力情况及叠合梁下方有无裂缝等质量问题，确认无误后，保证叠合板、梁被水平吊至作业面上空。

8. 预制梁就位时，应从上向下垂直安装，并在作业面上空200mm处略做停顿，施工人员手扶梁调整，将梁边线与位置线对准，注意避免预制板底板上预留钢筋与墙体或梁箍筋碰撞变形。

9. 调整叠合梁时，可使用橡胶锤轻轻敲击梁侧对梁进行微调。梁安装就位后，利用板下可调支撑调整预制叠合板底板标高，见图 4.6-1。

图 4.6-1　预制梁安装

4.6.5　悬挑阳台安装要点

1. 熟悉设计图纸，检查并核对构件编号，同时标注吊装顺序。

2. 根据施工图纸区分阳台的型号，确定安装位置。悬挑阳台安装前应设置防倾覆支撑架，支撑架应在结构楼层混凝土达到设计强度要求时，方可拆除。

3. 悬挑阳台施工荷载不得超过楼板的允许荷载值。

4. 悬挑阳台板预留锚固钢筋应伸入现浇结构内，并应与现浇混凝土结构连成整体。

5. 悬挑阳台与侧板采用灌浆连接方式时，阳台预留钢筋应插入孔内后进行灌浆。

6. 灌浆预留孔的直径应大于插筋直径的 3 倍，并应不小于 60mm；预留孔壁应保持粗糙或设波纹管齿槽。

7. 悬挑阳台支撑采用碗扣架搭设，同时根据阳台板的标高位置线将支撑体系的顶托调至合适位置处。为保证阳台支撑体系的整体稳定性，需要设置拉结点将阳台支撑体系与外墙板连成一体。

8. 悬挑阳台采用预制板上预埋的四个吊环进行吊装，确认吊扣连接牢固后缓慢起吊。

9. 待悬挑阳台板吊装至作业面上 500mm 处略做停顿，根据阳台板安装位置控制线进行安装。就位时要求缓慢放置，严禁快速猛放，以免阳台板被震折损坏。

10. 悬挑阳台板按照弹好的控制线对准安放后，利用撬棍进行微调，就位后采用 U 形托进行标高调整。

11. 悬挑阳台吊装完成后根据标高及水平位置线进行校正。

12. 悬挑阳台部位的机电管线铺设时必须按照机电管线铺设深化布置图进行。

13. 待机电管线铺设完毕并清理干净后，根据板上方钢筋间距控制线进行钢筋绑扎，保证钢筋搭接和间距符合设计要求。

14. 在悬挑阳台吊装过程中，阳台离作业面 500mm 处停顿，调整位置，然后再进行安装，安装时动作要缓慢。

15. 对准控制线放置好阳台板后，进行位置微调，保证水平放置，然后用 U 形托调整标高。

16. 悬挑阳台吊装安装好后，还要对其进行校正，保证安装质量，见图 4.6-2。

图 4.6-2 悬挑阳台安装

4.6.6 预制楼梯安装要点

1. 根据施工图纸弹出楼梯安装控制线，对控制线及标高进行复核。楼梯侧面距结构墙体预留 30mm 空隙，为后续初装的抹灰层预留空间。

2. 在楼梯段上下口梯梁处铺 20mm 厚 C25 细石混凝土找平灰饼，灰饼标高控制准确。

3. 起吊前检查吊索具，确保其保持正常工作性能。吊具螺栓出现裂纹，部分螺栓损坏时，应立即进行更换，同时保证每施工 3 层更换一次吊具螺栓，确保吊装安全。检查吊具与预制板背面的四个预埋吊环是否扣牢，确认无误后方可缓慢起吊。

4. 在楼梯洞口外的板面放样。在楼梯平台上画出安装位置。在墙面上画出标高控制线。

5. 在楼梯上下口楼梯处铺水泥砂浆找平层，找平层标高要控制准确。

6. 预制楼梯采用预留锚固钢筋方式时，应先放置预制楼梯，再与现浇梁或板浇筑连接成整体。

7. 预制楼梯与现浇梁或板之间采用预埋件焊接连接方式时，应先施工现浇梁或板，再搁置预制楼梯进行焊接连接。

8. 框架结构预制楼梯吊点可设置在预制楼梯板侧面，剪力墙结构预制楼梯吊点可设置在预制楼梯板面。

9. 弹出楼梯安装控制线，对控制线及标高进行复核，控制安装标高。楼梯侧面距结构墙体预留 30mm 空隙，为保温砂浆抹灰层预留空间。

10. 预制楼梯段采用水平吊装。构件吊装前必须进行试吊，吊起距地 500mm 后停止，检查钢丝绳、吊钩的受力情况，使楼梯保持水平，然后吊至作业层上空。吊装时，应使踏步平面层保持水平状态，便于就位。将楼梯吊具用高强螺栓与楼梯板预埋的内螺纹连接，以便钢丝绳吊具及捯链连接吊装。板起吊前，检查吊环，用卡环扣紧。

11. 预制楼梯就位时要从上垂直向下安装，在作业层上空 300mm 左右略做停顿，施工人员手扶楼梯板调整方向，将楼梯板的边线与梯梁上的安放位置线对准，放下时要停稳慢放，严禁快速猛放，以避免冲击力过大造成板面震动产生裂缝。

12. 基本就位后再用撬棍微调楼梯板，直到位置正确，搁置平实。安装楼梯板时，应特别注意标高正确，校正后再脱钩。

13. 楼梯段校正完毕后，将梯段上口预埋件与平台预埋件用连接角钢进行焊接，焊接完毕，接缝部位采用灌浆料进行灌浆。

14. 预制楼梯吊装过程应有监理人员全程旁站监督，上下预制楼梯应保持通直，吊装时遇到六级及以上大风应停止吊装，见图 4.6-3。

图 4.6-3　预制楼梯安装

4.7　灌浆作业监理要点

4.7.1　工艺流程

1. 灌浆作业工艺流程为：灌浆孔清理→构件灌浆区域周边封堵→灌浆料搅拌→流动度检测→灌浆施工→灌浆饱满、出浆确认并塞孔→场地清洁。

2. 灌浆：墙板的预留钢筋连接采用钢筋灌浆直螺纹连接接头，套筒及一侧钢筋直螺纹连接预埋在预制墙板底部，另一侧的钢筋预埋在下层预制板的顶部，墙板安装时，墙板顶部钢筋插入上层墙底部的套筒内，然后连接套筒通过灌浆处理，完成上下墙板内钢筋的连接。

3. 灌浆流程及要求

1）灌浆施工流程：灌浆孔检查→预制剪力墙下部四周接缝封堵→分仓→灌浆料制备→灌浆→接头充盈度检查。

2）钢筋套筒灌浆前，应在现场模拟构件连接接头的灌浆方式，每种规格钢筋应制作不少于 3 个套筒灌浆连接接头，进行灌注质量以及接头抗拉强度的检验，经试验室检查合格后，方可进行灌浆作业。

4.7.2　准备工作

1. 材料准备

1）灌浆料：采用与灌浆套筒相匹配的灌浆料，满足使用及强度要求。

灌浆料质量要求：

灌浆料进场时，厂家必须提供产品合格证、使用说明书和产品质量检测报告；包装袋上应标明产品名称、净重量、使用说明、生产厂家、生产批号、生产日期和保质期。灌浆料按照不超过 50t 为一个批次进行复试，复试内容包括：1d、3d、28d 抗压强度；30min 流动度；3h 膨胀率；24h 与 3h 膨胀率差值。按照现场检验规定，利用同一班次同一批号的灌浆料至少作一次流动度测试，保证流动度不小于 300mm。

型式检验项目见表 4.7-1。

型式检验项目表 **表 4.7-1**

检测项目		性能指标
流动度(mm)	初始	≥300
	30mm	≥260
抗压强度(MPa)	1d	≥35
	3d	≥60
	28d	≥85
竖向膨胀率(%)	3h	≥0.02
	24h与3h差值	0.02～0.5
对钢筋锈蚀作用		无

2）水：拌合用水采用洁净水并符合行业标准《混凝土用水标准》JGJ 63—2006的有关规定。

2. 工具准备

主要工具包括灌浆机、灌浆枪、手提变速搅拌机、搅料桶、橡胶塞。

计量器具包括电子秤、量筒、温度计、刻度杯、截锥圆模。

3. 技术准备

1）在预制墙板灌浆施工之前对操作人员进行培训，通过培训增强操作人员对灌浆质量重要性的意识，明确该操作行为的一次性且不可逆的特点，从思想上重视其所从事的灌浆操作。

2）首次灌浆作业前，选择有代表性的部位进行试制作、试灌浆。通过施工人员灌浆作业的模拟操作培训，规范灌浆作业操作流程，熟练掌握灌浆操作要领及其控制要点。

3）灌浆前，由项目技术人员依据预制构件专项方案及有关规程、施工工艺标准编写灌浆施工技术交底，并组织专门会议现场对灌浆班组进行详细交底。

4）灌浆过程由项目管理人员全程监控，留存影像资料及对每一道墙做好灌浆记录。

5）聘请专业技术人员入驻施工现场，对灌浆全程进行技术指导。

4. 灌浆料存放

1）施工现场灌浆料储存在室内，并采取防雨、防潮、防晒措施。

2）搭设放置灌浆料存放架（离地高度应为300mm，离墙周边300mm），使灌浆料处于干燥、阴凉处。

3）灌浆料保质期为3个月。

4.7.3 基层处理

1. 灌浆前，构件与灌浆料接触的表面清理干净，不得有油污、浮灰、粘贴物、木屑等杂物。

2. 洒水湿润，保证构件灌浆表面处于润湿状态且无明显积水。保证构件与模板和坐浆灰饼接缝处严密，不漏浆。预制构件灌浆采用连通腔灌浆，外墙外侧采用橡塑棉条，外墙内侧及内墙采用坐浆料封堵，见图4.7-1。

图 4.7-1　基层处理

4.7.4　坐浆料封缝、分仓

1. 按照坐浆料的配合比配置搅拌坐浆料。

2. 坐浆料分仓，高度为 30mm，宽度约为 20mm，长度为 200mm，呈三角形，并在墙上对应位置用粉笔做好标记，边角留孔排气，分仓间距不超过 1.5m；见图 4.7-2。

图 4.7-2　分仓示意图

3. 坐浆料封缝

1）用 PVC 管在墙体侧面横着塞入墙缝下并紧靠套筒钢筋，以控制封缝宽度（不减少设计面积，不宜超过 20mm），用坐浆料将余下的缝隙填实，随后将 PVC 管从侧面抽出，墙体封缝保证墙体四周都要封严，见图 4.7-3。

2）用小抹子在墙根将坐浆料抹成小八字，注意在使用坐浆料前，先用清水润湿需坐浆封堵的位置，再用坐浆封堵，在灌浆前不要扰动已抹好的坐浆料。

3）坐浆料养护 6～8h，达到设计强度后可灌浆。

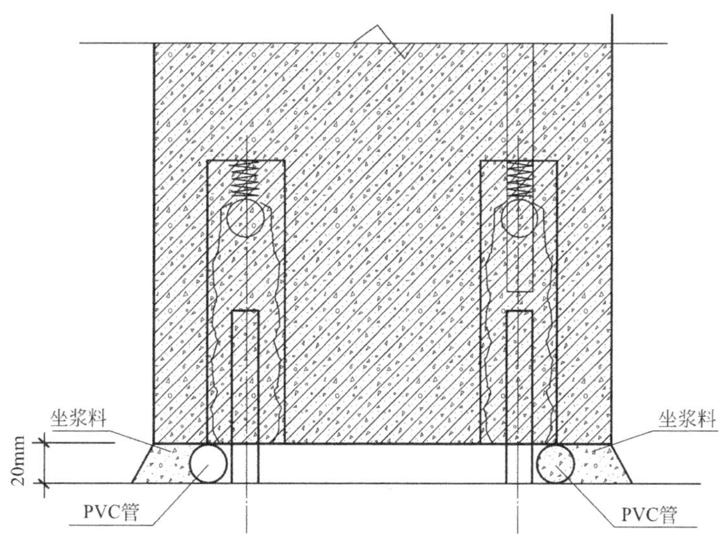

图 4.7-3 坐浆料封缝

4.7.5 制备灌浆料

1. 测量并计算需灌注接头数量或灌浆空间的体积，计算灌浆料的用量（按 $2t/m^3$ 计算）。灌浆料根据使用说明书的要求以重量计量，精确至 0.1kg；灌浆料、水亦严格按照使用说明书的要求以重量进行计量，按照配比进行拌和，严禁随意加水。

搅拌过程中先在桶中加入 80%左右的水，倒入一袋灌浆料，采用手持式搅拌机搅拌 1～2min，加入剩余的水，继续搅拌 2～3min，使之均匀，灌浆料制备完成后必须在 30min 内使用完。

2. 搅拌机、灌浆泵就位后，首先将全部拌合水加入搅拌桶中（注：拌合用水采用饮用水，水温控制在 20℃以下，尽可能现取现用），然后加入灌浆干粉料，采用手提变速搅拌机搅拌至大致均匀（约 3～5min）。搅拌均匀后，静置约 2min 排气，然后注入灌浆泵中进行灌浆作业，见图 4.7-4。

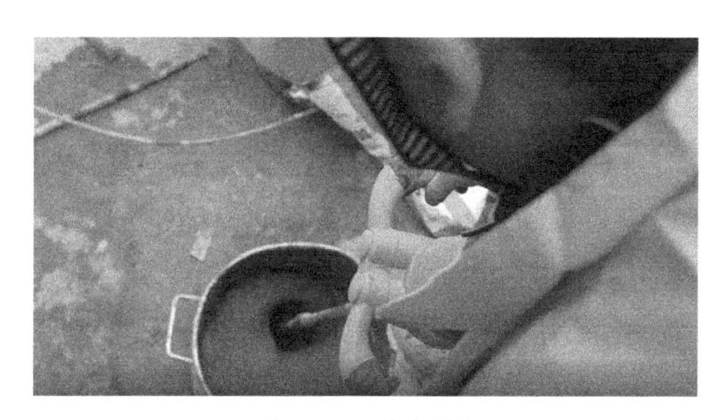

图 4.7-4 浆液制作

灌浆料通常可在 5～40℃使用，初凝时间约为 15min。为避开夏季一天内的温度过高时间和冬季一天内的温度过低时间，保证灌浆料现场操作时所需的流动性，延长灌浆的有效操作时间，夏季灌浆操作时要求灌浆班组在上午10点之前、下午3点之后进行，并且保证灌浆料及灌浆器具不受太阳光直射；灌浆操作前，可将与灌浆料接触的构件洒水降温，改善构件表面温度过高、构件过于干燥的问题，并保证以最快时间完成灌浆；冬季灌浆料操作要求室外温度高于5℃时才可进行。

4.7.6　灌浆料检测

1. 按照现场检验规定，利用同一班次同一批号的灌浆料至少作一次流动度测试，保证初始流动度值不小于300mm。

2. 检测方法

1）检测器具包括截锥圆模：下口内径尺寸为100mm±0.5mm，上口内径尺寸为70mm±0.5mm，高度为60mm±0.5mm；玻璃板尺寸为500mm×500mm，并应水平放置。

2）将截锥圆模放在玻璃板中心，将灌浆材料浆体导入截锥圆模内，直至浆体与截锥圆模上口平。

3）徐徐提起截锥圆模，让浆体在无扰动条件下自由流动，直至停止。

4）测量浆体最大扩散直径及与其垂直方向的直径，计算平均值，精确到1mm，作为流动度初始值；在6min内完成上述测量过程。

5）按上述步骤测定30min后流动度值，流动度值不小于260mm。

具体要求按照《钢筋连接用套筒灌浆料》JG/T 408—2019相关规定要求执行，见图4.7-5。

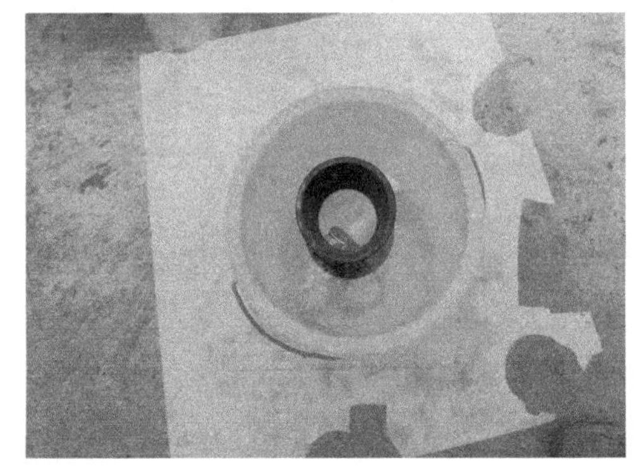

图4.7-5　流动度检测

4.7.7　灌浆

1. 灌浆操作时间：在预制墙板校正后、预制墙板两侧现浇部分合模前进行灌浆操作。首先将所有注浆口、排浆口塞堵打开，并检查注浆口、出浆口及套筒内（预制墙板下落至一定高度时提前检查）是否阻塞或有杂物。

2. 将拌制好的浆液倒入灌浆机，启动灌浆机，待灌浆机嘴流出的浆液成线状时，将灌浆嘴插入预制墙板的灌浆孔内，开始灌浆。

按照坐浆分仓顺序依次注浆，从每个仓位于中间的接头灌浆口进行灌浆（禁止两个灌浆口同时灌浆），灌浆泵运转时，灌浆管端头放在料斗内，以免浆料流出浪费，污染地面。

3. 上排排浆孔均匀溢出浆液时即为灌满。

4.7.8 封堵出浆孔

1. 灌浆一段时间后，其他下排灌浆孔及上排出浆孔会逐个流出浆液，待浆液成线状流出时，依次将溢出灌浆料的排浆孔用橡胶塞塞住，待所有套筒排浆孔均有灌浆料溢出时，停止灌浆，并将灌浆孔封堵，见图 4.7-6。

2. 最后确认各孔均流出浆液后，可转入下个构件的灌浆作业，或停止灌浆，填写灌浆和检验记录表。

3. 一个阶段灌浆作业结束后，立即用水清洗搅拌机、灌浆机和灌浆管；灌浆机内残留的灌浆料浆液如时长已超过 30min（自制浆加水开始计算）不得继续使用，应废弃。

4. 灌浆施工结束后 1d 内不得扰动构件。

图 4.7-6 灌浆孔、排浆孔封堵示意

4.7.9 灌浆注意事项

1. 灌浆开始后，必须连续进行，不能间断，并尽可能缩短灌浆时间。

2. 冬季套筒灌浆时，宜在白天进行。当室外温度低于 5℃时，将门窗洞口封堵密实，室内采用暖风机或火炉等蓄热法供热，提高现场灌浆料施工时的环境温度。

3. 灌浆套筒灌浆连接采用连通腔灌浆和一点灌浆的方式；当一点灌浆遇到问题而需要改变灌浆点时，各灌浆套筒已封堵灌浆孔、出浆孔重新打开，待灌浆料拌合物再次流出后进行封堵。

4. 灌浆料在加水 30min 内用完；散落的灌浆料拌合物不得二次使用；剩余的拌合物不得再次添加灌浆料或水后混合使用。

5. 当灌浆施工出现无法出浆的情况时，查明原因，采取的施工措施应符合下列规定：

1）对于未密实饱满的竖向连接灌浆套筒，当在灌浆料加水拌合 30min 内时，首选在灌浆孔补灌；当灌浆料拌合物已无法流动时，可从出浆孔补灌，并采用手动设备结合细管压力灌浆。

2）补灌在灌浆料拌合物达到设计规定的位置后停止，并在灌浆料凝固后再次检查其位置是否符合设计要求。

临时固定设施的拆除工作应在灌浆料抗压强度能保证结构达到后续施工承载要求后进行。

4.8　常见质量问题及处理措施

4.8.1　水电安装问题

1. 预制外墙空调位留设标高错误

产生原因及改进措施：设计交底不到位，施工未及时发现并反馈，建议初期弹线控制。

2. 安装底盒埋置过深且不正

产生原因及改进措施：混凝土浇筑前固定不到位，建议与结构钢筋固定牢固。

3. 安装排水立管预埋止水节缺少一个

产生原因及改进措施：生产预埋遗漏，建议浇筑前核对检查验收。

4. 阳台安装预埋线管堵塞

产生原因及改进措施：混凝土浇筑前未对线管进行必要的保护措施，建议完善成品保护措施。

4.8.2　构件质量问题

1. 构件结构蜂窝

产生原因及改进措施：混凝土振捣不到位，建议加强监督旁站。

2. 构件现浇结构外形缺陷

产生原因及改进措施：脱模过程成品保护不到位，建议加强成品保护。

3. 预制构件外表缺陷

产生原因及改进措施：模具拼接局部漏浆，建议加强模具拼装质量。

4. 预制构件外形缺陷

产生原因及改进措施：拆模或起吊过程致构件边角破损，建议起吊过程安排专人旁站。

5. PC 墙板底部水洗面不符合要求

产生原因及改进措施：程序遗漏，建议严格执行工序验收制度。

6. 预制飘窗顶部开裂渗水

产生原因及改进措施：局部应力集中，加之脱模过程控制不到位所致，建议规范拆模。

7. 构件表面平整度不符合要求

产生原因及改进措施：浇捣混凝土后收平不到位，建议混凝土浇筑完成后二次收面。

4.8.3 钢筋问题

1. 叠合梁（梁与外墙整浇的构件）外伸钢筋长度不满足要求

产生原因及改进措施：钢筋翻样单错误所致，建议加强钢筋工程过程检查。

2. 预制阳台外伸钢筋长度不满足要求

产生原因及改进措施：钢筋加工错误，建议加强钢筋过程检查。

3. 预制外墙闭口箍外伸长度偏短

产生原因及改进措施：钢筋翻样及加工错误，建议加强钢筋过程检查。

4. 外伸钢筋与图纸设计不符

产生原因及改进措施：未按图施工，建议按图施工。

5. 叠合板桁架筋过高

产生原因及改进措施：桁架筋加工偏高或生产过程钢筋网片上浮，建议加强施工过程检查。

4.8.4 三明治外墙质量问题

1. 三明治夹心板保温钉损坏

产生原因及改进措施：构件运输过程成品保护不到位，建议加强运输及成品保护质量。

2. 连接外墙板无内螺母固定

产生原因及改进措施：外叶板平板锚漏设，建议加强过程检查。

3. 预制外墙板无背楞拉结螺栓孔位

产生原因及改进措施：生产阶段预埋遗漏，建议加强过程检查。

4. 外墙饰面砖不对缝

产生原因及改进措施：厂内贴砖未弹设竖向控制线，工人操作偏差致使累计误差超标，建议对工人进行交底，严格设置控制线。

5. 外墙板后浇结合部位水洗面不符合要求

产生原因及改进措施：水洗面作业程序遗漏；键槽部位混凝土浇筑前漏设埋件，建议加强过程检查。

6. PCF 板保温层与外叶板脱层分离

产生原因及改进措施：外叶板浇筑后保温板贴合较晚，未粘接，或因运输过程受损所致，建议完善粘贴工艺，加强运输质量控制。

4.8.5 设计问题

1. 预制外墙底部盲孔设置遗漏

产生原因：深化图纸设计遗漏，后用水钻补孔。

2. PCF 板高度方向与空调板冲突

产生原因：深化图纸设计标高错误。

3. 预制外墙内侧顶标高低于叠合板标高 90mm，存在二次支模问题，且现浇质量无法保证

产生原因：设计时，忽略注明阳台板降板的底标高。

4. 预制阳台外伸钢筋锚固端过短，不满足规范要求

产生原因：设计优化深度不足。

5. 相邻两片预制外墙叠合梁底筋位置关系冲突，吊装困难

产生原因：设计优化深度不足。

6. 相邻两片预制外墙叠合梁底筋与闭口箍筋位置冲突，吊装施工及钢筋施工困难

产生原因：设计优化深度不足。

7. 背楞固定螺母与外挂架预留孔位置冲突，背楞无法固定

产生原因：设计优化深度不足。

8. 空调板进深过小

产生原因：空调板设计未考虑三明治外叶板＋保温板＋贴砖≥91mm 的要求，致使空调板净空变小。

9. 后浇段暗柱纵向钢筋套筒连接施工困难

产生原因：设计外伸长度 150mm，一级机械连接，但钢筋直径仅为 12mm，受空间限制施工极为困难，验收不便，质量难以保证。

10. 阳台反坎与预制外墙碰撞，栏杆预埋件无法正常使用

产生原因：阳台设计未考虑外墙的保温及外叶板厚度（90mm）。

11. 预制外墙叠合梁腰筋影响预制阳台吊装

产生原因：设计优化深度不足。

12. 止水节预埋被预制外墙遮挡一半

产生原因：安装定位点未考虑外墙保温板和外叶板厚度（90mm）。

13. 厨房强排孔与排污立管竖向关系冲突

产生原因：设计优化深度不足。

14. 预制阳台梁根部与外墙间隙 150mm，后期施工封堵困难

产生原因：安装间隙考虑过大。

15. 双单元采光井结构拉板钢筋与后浇段钢筋碰撞

产生原因：设计优化深度不足。

16. 叠合梁后浇部分梁上部钢筋绑扎困难，局部集中，混凝土浇筑困难

产生原因：设计深度不足，未考虑施工便利性与可操作性。

第5章

预制装配式混凝土建筑安全监理技术

装配式混凝土结构因其符合我国目前绿色施工、节能减排的理念，成为我国住宅体系新的发展方向。然而，我国现有的装配式混凝土结构因其管理体系不完善，施工技术不规范，未能充分发挥装配式混凝土结构的优势。特别在装配式安全管理方面，目前构件标准不一，结构形式及装配式构件安装方式多种多样，给现场安全管理带来极大的管理难度。

作为负有现场安全监督管理责任的监理单位，应当主动地、有针对性地分析装配式混凝土结构工程施工过程中现场监理需要关注的安全控制要点以及管理流程，主要管理流程见图5.1-1。

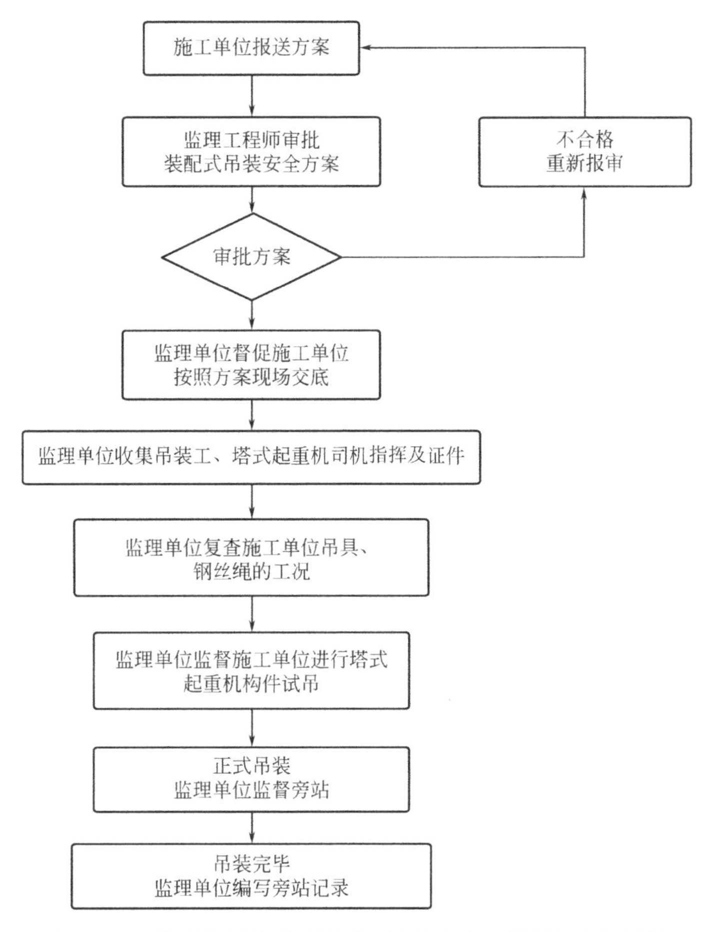

图5.1-1　监理预制装配式混凝土结构安全监督管理主要流程

5.1 监理预制装配式混凝土结构安全监督行为管理

监理安全监督行为管理动作见表5.1-1和表5.1-2。

项目监理机构自身安全行为管理动作 **表5.1-1**

	文件名称	编制人	编制时间	备注
1	《监理规划》	总监理工程师	第一次工地会议前	在安全监督管理章节描述装配式内容
2	《装配式建筑监理细则》	专业监理工程师	装配式构件生产前	应包括驻厂、吊装、安装内容
3	《监理旁站方案》	专业监理工程师	装配式构件生产前	应包括驻厂旁站、吊装安装旁站
4	《装配式建筑监理细则》交底书	总监理工程师	装配式构件生产前	装配式监理过程中重难点对监理工程师进行交底
5	《监理旁站记录》	监理员	驻厂、吊装安装旁站	
6	《监理日志》	专业监理工程师	每日施工后	应当反映当日构件生产、安装情况
7	《危险性较大分部分项工程管理档案》	资料员	每日施工后	收集现场装配式吊装、安装过程中产生的行为记录
8	《危险性较大分部分项工程巡视记录》	专监/监理员	每日施工后	填写装配式吊装有关的巡视情况

监理单位监督施工单位安全行为管理动作 **表5.1-2**

	文件名称	编制人	编制时间	备注
1	《装配式建筑施工方案》	项目技术负责人	装配式建筑施工前	应当按照危险性较大分部分项工程方案审批
2	《施工资质报审表》	—	装配式建筑施工前	应包括总承包、吊装及注浆专业分包资质
3	吊装、安装人员操作证件	—	装配式建筑施工前	应包括总承包、吊装及注浆人员操作证/培训证
4	吊装、安装人员三级教育卡	安全员	装配式建筑施工前	应包括总承包、吊装及注浆人员
5	《装配式施工安全技术交底》	项目技术负责人	每施工层交底一次	
6	《装配式施工安全教育培训》	安全员	每月或半月一次	覆盖总承包、吊装及注浆、塔式起重机司机
7	《吊具进场验收记录表》	安全员	装配式建筑施工前	新吊具进行应当根据不同类型逐一验收
8	《危险性较大分部分项工程巡视记录》	安全员	每日施工后	填写装配式吊装有关的巡视情况
9	《危险性较大分部分项工程管理档案》	安全员	每日施工后	收集现场装配式吊装、安装过程中产生的行为记录

5.2 预制混凝土构件堆放

预制构件的堆放主要发生在预制加工厂及现场专门设置的堆放区域内。预制构件的堆放应考虑便于吊升及吊升后的就位，特别是大型构件，例如房屋建筑中的柱、屋架等，应做好构件堆放的布置图，以便一次吊升就位，减少起重设备负荷开行。对于小型构件，则可考虑布置在大型构件之间，也应以便于吊装、减少二次搬运为原则。下面介绍预制混凝土构件堆放的具体要求。

5.2.1 场地要求

1. 存放场地应平整坚实，并有排水措施。

2. 存放于软弱地基土层或地下室顶板时，应计算堆放荷载，并采取必要的加强措施。

3. 应根据场地和吊车位置，按照专项方案确定位置进行堆放，避免出现现场内二次倒运，见图 5.2-1。

图 5.2-1 构件堆放

5.2.2 堆叠要求

1. 应按产品品种、规格型号、检验状态分类存放，而同类型构件宜按照吊装顺序存放。产品标识应明确耐久，预埋吊件朝上，标示向外。

2. 预制内外墙板、挂板宜采用专用支架直立存放，墙板堆放架应经设计计算确定，并确保对地面的抗倾覆要求。

3. 构件薄弱部位和门窗洞口应采取防止变形开裂的临时加固措施。例如，在门洞两侧增加工字钢临时固定。

4. 垫块设置与堆叠要求

1）构件堆放平稳，底部按设计位置设置垫木。预制构件多层叠放时，每层构件间的垫块应上下对齐，合理设置支点位置，并宜与起吊点位置一致。与清水混凝土面接触的垫块采取防污染措施。

2）预制楼板、叠合板、阳台板和空调板等构件宜平放，叠放层数不宜超过 6 层。

3）预制柱、梁等细长构件应平放，且用两条垫木支撑。构件多层叠放时，柱子不超过 2 层；梁不超过 3 层。预制柱、预制梁构件长度较大，采用多点（多边）垫块（垫木）支撑时，垫块间距应根据计算确定，且应在顶部设置柔性垫片，见图 5.2-2。

5.2.3 其他要求

5.2.3.1 重心较高的构件（如屋架、大架等），除在底部设垫木外，还应在两侧加设

图 5.2-2　预制柱、梁堆放

支撑或将大梁以方、木铁丝连成一体，提高其整体稳定性，侧向支撑沿梁长度方向不得少于 3 道。

5.2.3.2　各堆放构件之间应留不小于 0.7m 宽的通道，两侧不应有突出或锐边物品。

5.3　预制混凝土构件运输

装配式建筑预制构件不仅在安装阶段存在安全隐患，运输过程中如果操作不当，也将存在一定的安全风险。为了降低甚至规避掉构件运输时的安全风险，在运输前就要做好详细的运输方案及策划，并报送监理机构审查。同时，在方案审查及实际运输操作中，监理人员应当注意如下几点。

5.3.1　运具要求

1. 根据构件特点采用不同的运输方式，托架、靠放架、插放架应进行专门设计，并进行强度、稳定性和高度验算。

2. 在运输至工地时宜选用载重量较大的载重汽车和半拖式或全拖式的平板拖车，将构件直接运到工地构件堆放处，见图 5.3-1。

图 5.3-1　构件运输

5.3.2 构件要求

1. 预制构件出厂强度应采用同条件混凝土的实测值，当设计强度不足时，应在达到设计强度后方可进行运输。

2. 运输时混凝土预制构件的强度不低于设计混凝土强度的75%。

5.3.3 运输堆码要求

1. 外墙板宜采用立式运输，外饰面层应朝外，梁、板、楼梯、阳台宜采用水平运输。水平运输时，预制梁、柱构件叠放不宜超过3层，板类构件叠放不宜超过6层。

2. 采用靠放架立式运输时，构件与地面倾斜角应大于80°。构件应对称靠放，每组不大于2层。运输中，也应考虑刹车影响，采取相应措施防止倾覆，同时考虑卸车过程中出现单侧构件卸车对车辆的影响，避免整车重心不稳而导致车辆倾覆。

3. 叠放运输时构件之间必须用隔板或垫木隔开。上、下垫木应保持在同一垂直线上，支垫数量要符合设计要求，以免构件受折。

4. 运输中做好安全与成品保护措施，构件转角尖锐处应设置保护垫撑。

5.3.4 其他要求

1. 对于超高、超宽、形状特殊的大型预制构件的运输和存放应制定专门的质量安全措施。

2. 应提前规划合适场内外运输路线，运输道路要有足够的宽度和转弯半径。

5.4 预制混凝土构件吊运

在预制混凝土构件吊装工作中，稍有不慎易出现大的安全事故，所以相对整个装配式构件的安全管理过程中，预制混凝土构件吊运安全是不容忽视的监理安全监督工序。在吊运前，监理机构应当审批施工单位报送的预制混凝土构件吊装的专项施工方案，如超过一定规模或涉及非常规吊运方式的，应当要求施工单位组织专家论证。

对于机械、材料、人员，监理机构也需严格把关，从各个方面做好现场预制混凝土构件安全监督工作。监理人员在监督旁站过程中，也应该了解如下具体工作，见图5.4-1至图5.4-3。

5.4.1 准备工作

1. 根据预制构件的形状、尺寸、重量和作业半径等要求选择吊具和起重设备，预制构件吊装运输强度等级经过设计确定，与吊具、吊装方案有关。工具、吊具、吊架等应满足吊装安全要求，应按照起重吊装要求的安全系数进行计算。自行制作的工具、吊架、吊具等，以及图纸和计算文件应报监理单位批准，必要时进行实验验证。

2. 吊点数量、位置经计算确定，应采取保证起重设备的主钩位置、吊具及构件重心在竖直方向上重合的措施。

3. 吊装大型构件、薄壁构件和形状复杂的构件时，应使用分配梁或分配桁类吊具，并应采取避免构件变形和损伤的临时加固措施。

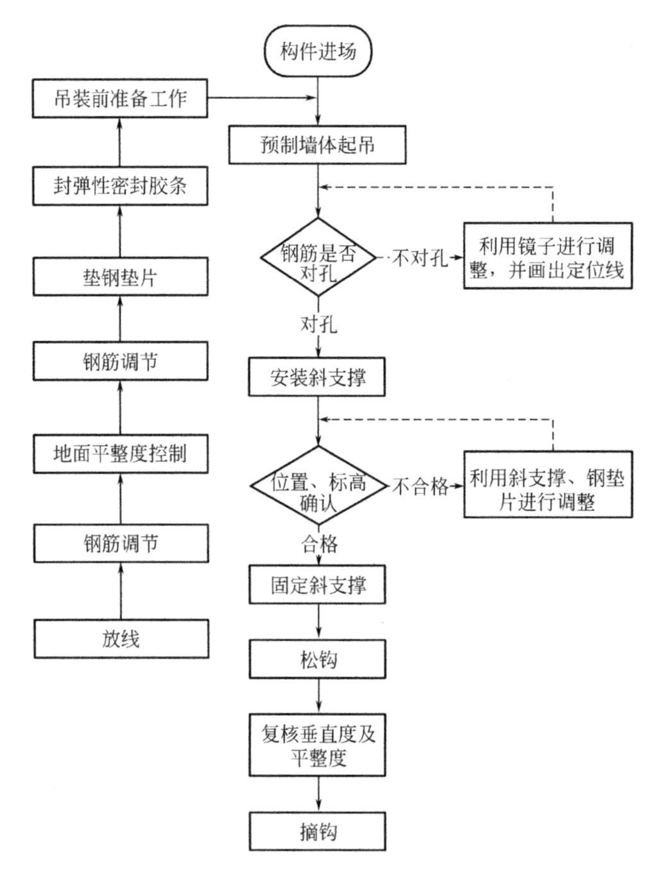

图 5.4-1　预制墙体、柱等竖向构件吊装流程图

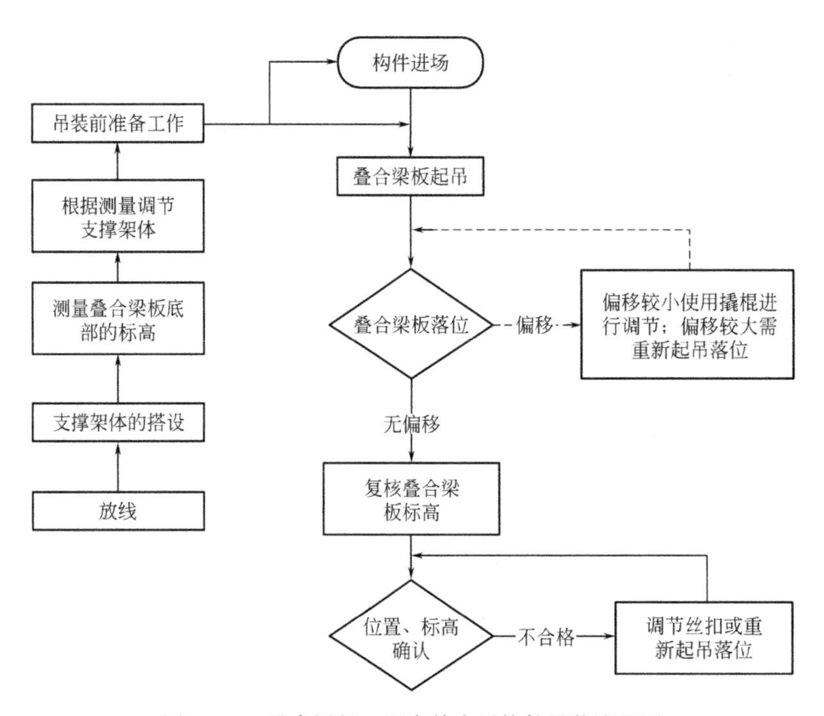

图 5.4-2　叠合梁板、阳台等水平构件吊装流程图

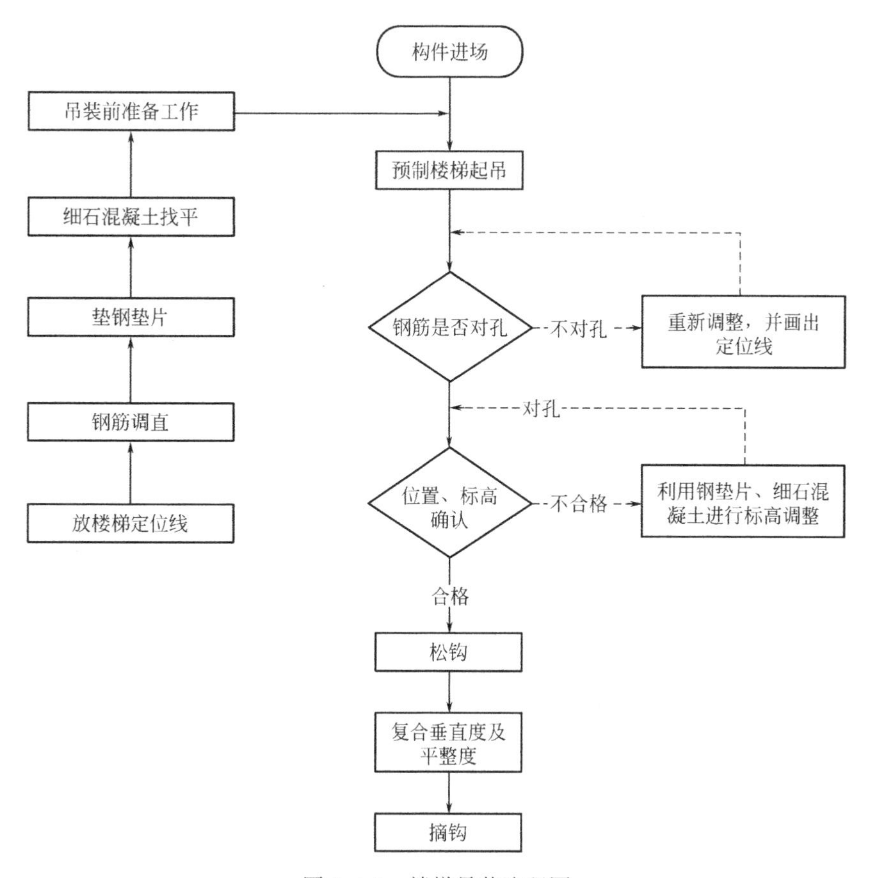

图 5.4-3　楼梯吊装流程图

4. 吊装前，防护系统应按照方案要求进行搭设，作业区域实行封闭管理制度，并设置警戒标识，无法实施隔离时应采取专项防护措施。

5.4.2　起吊阶段

1. 安装前，宜选用有代表性的单元进行试吊。

2. 起吊应采用慢起、稳升、缓放的操作方式，严禁吊装构件长时间悬停在空中。

3. 吊索水平夹角不宜大于 60°，且不应小于 45°。

4. 大雨、雾、大雪、六级以上大风等恶劣天气应停止吊装作业。夜间不宜进行吊装。构件现场吊装见图 5.4-4。

5.4.3　人员操作

1. 吊装时应设置专人指挥，操作人员应位于安全区域。

2. 吊装作业使用的电源线必须架高，手把线绝缘要良好。在雨天或潮湿地点作业的人员应戴绝缘手套，穿绝缘鞋。

3. 构件就位摘取吊钩时应设置专用登高工具及其他防护措施，严禁沿构件攀爬。

4. 吊装就位操作时必须有已完结构或操作平台为立足点，严禁在安装中的构件上站立和行走。

图 5.4-4　构件现场吊装

5.5　预制混凝土构件临时固定

预制构件的临时固定是在装配式混凝土结构成型稳固前的一种临时支撑方法。在构件临时固定过程中，需要现场操作人员的配合方可执行。并且，一般在房屋预制混凝土构件临时固定阶段，为了确保项目整体工期，难免在临时固定区域附近存在一定的穿插施工现象。而构件临时固定的稳定性将极大地关系到现场施工安全，也是监理安全监督的重中之重。

5.5.1　一般要求

临时固定措施、临时支撑系统应具有足够的强度、刚度和整体稳固性。

5.5.2　支撑要求

1. 竖向预制构件安装采取临时支撑时，应符合下列规定：

1）预制构件的临时支撑不宜少于两道。

2）对预制柱、墙板构件的上部斜支撑，其支撑点距离板底的距离不宜小于构件高度的 2/3，且不得小于构件高度的 1/2。斜撑固定在预留孔处，不得另行开孔，斜支撑底部与地面或楼板应采用螺栓或钢筋环锚固，夹角为 40°～50°，见图 5.5-1。

2. 水平预制构件安装采用临时支撑时，应符合下列规定：

1）首层支撑架体的地基应平整坚实，宜采取硬化措施。

2）竖向连续支撑层数不宜少于 2 层且上下层支撑宜对准。

3）叠合板预制底板下部支撑宜选用定型独立钢支柱，间距应经计算确定。

图 5.5-1 构件支撑

5.5.3 其他要求

1. 预制楼梯踏步安装后，应采取专用夹具安装临边防护。

2. 叠合楼板、阳台、空调板水平构件安装就位后，对未形成空间稳定体系的部分应设置竖向支撑体系，其中阳台等边缘构件的竖向支撑构架应采取可靠的防止倾覆措施。

3. 如临时支撑预留孔与设计不符，应经设计、生产单位出具方案后方能施工。

4. 预制构件与吊具的分离应在校准定位及临时支撑安装完成后进行。

5. 临时支撑应在后浇混凝土强度、灌浆料达到设计要求后方可拆除。

6. 在固定构件时，严禁将头、手、脚伸入吊装下部缝隙内。

第6章

预制装配式混凝土建筑工程技术资料管理

6.1 建筑工程资料相关管理规定

1. 根据《建筑工程资料管理规程》JGJ/T 185—2009规定，工程资料的完成情况必须与现场施工进度保持同步，工程资料的验收应与工程竣工验收同步进行，工程资料不符合要求的，不得进行工程竣工验收。

2. 根据《建设工程文件归档规范》GB/T 50328—2014（2019年版）规定，加强建设工程资料的规范化管理，提高管理水平，是确保工程质量的具体体现。

3. 建筑工程资料是城建档案的重要组成部分，是工程竣工验收，评定工程质量优劣、结构及安全卫生可靠程度，认定工程质量等级的必要条件。

4. 建筑工程资料是对工程质量和安全事故的处理，以及对工程进行检查、维修、管理、使用、改建、扩建、工程结算、决算、审计的重要依据。

5. 建筑工程资料管理包括资料的填写、编制、审批、收集、整理、组卷、移交及归档等，有利用计算机软件技术记录的工程建设信息的电子文档；以纸张为载体、用文字和图表方式记录的工程建设信息的文字记录；应用仪器和设备、以声音或图像方式记录的工程建设信息的声像资料等多种形式。

6. 监理单位应依据合同约定选派熟悉业务的专业资料管理人员，在监理工作期间，对工程建设实施过程中所形成的与监理相关的文档进行收集积累、加工整理、组卷归档和检索利用等进行的一系列工作。

7. 对列入城建档案馆接收范围内的监理资料，应在工程竣工验收后及时移交给建设单位及城建档案馆。

6.2 监理资料整理要求

1. 按城建档案馆及相关主管部门要求完成资料移交。

2. 所有需归档的文件材料均应是原件，或具有原件效力的复印件。

3. 案卷由封面+卷内目录+文件材料+备考表组成；案卷封面由移交单位加盖公章，备考表由整理人填写。

4. 案卷应按类目及归档范围中的顺序排列组卷，避免多个大类串在一起组卷，以便于拟定案卷题名，每卷厚度不超过3cm。

5. 多个楼栋公用的文件材料应集中归在最前一楼栋材料中。

6. 案卷题名应由项目名称及周期＋楼栋＋内容组成。

7. 分案卷编制卷内目录及页码，页码每卷都是从1开始编写，不能与下一卷连编。

8. 编写页码时，需用铅笔以阿拉伯数字编写在文件正面的右下方，反面的左下方(空白页不用编号)，书写规范，大小合适。

9. 按实际内容填写卷内目录，不能粗略概括，如监理细则、施工方案应逐一填写。

10. 卷内目录的第一条应列写工程名称及楼栋号，如“××××1号楼工程概况表”。

11. 归档范围中有但本卷实际没有的文件内容不编入本卷目录中，应在备考表中进行情况说明。

12. 文件形成日期应编成日期格式，如：2016-02-01；备注中填写有起止日期的止日期、归档材料为复印件的也应在备注中注明“复印件”字样。

13. 责任者可以填写规范简称，有两个以上责任者的，只填写两个，后面以“等”表示，且字数长度不超过25字。

14. 卷内文件应填写页号，最后一件应填写止页号。

15. 装订采用三孔一线装订法（孔距总长度大致为140～160mm，中孔到边孔长度为70～80mm，卷脊装订线的垂直距离为15～20mm。装订一律在左侧，结头放在案卷后面)，装订前须去掉文件上的金属装订物及塑料物。

16. 竣工图均应加盖设计院出图章、设计师注册章、图审章和竣工图章，并由监理工程师逐张核查签字后，按规范折叠成A4大小，依顺序排列，不需装订。

17. 所有案卷均应装入档案盒中，档案盒封面应按要求填写案卷题名等内容并以油墨印制。

18. 刷盒应对齐、距离一致、端正、清晰。

19. 竣工图应刻制光盘两套进行移交。

20. 完成可导入表格的填写，编写移交清单（案卷级)。

21. 施工档案需上传的原文包括：工程概况表、开工报告、单位工程竣工验收记录、备案表、备案证，注重照片、实物及电子档案的移交。

6.3 监理管理资料

6.3.1 监理中标通知书

中标通知书是招标人（或者招标代理机构）根据评标委员会评标意见确定中标人后，向中标人发出的书面通知。现场应留有中标通知书原件或复印件，以备政府机构市场行为检查时用，交档时存中标通知书原件。

6.3.2 监理单位资质证书及委托监理合同

监理合同签订后，根据工程项目特点，及时组建项目监理机构，并将项目监理机构名称、人员组成及分工、监理机构印章启用函等上报建设单位。同时，项目监理机构留存监理单位资质证书、委托监理合同复印件。

6.3.3　工程概况表

按照合同文件及设计图纸，简要说明工程项目的基本情况，主要内容包括：工程名称、工程地点、建设规模、总建筑面积、结构形式、性质、用途、工程总造价、资金来源、投资额、开竣工日期、建设单位、设计单位、监理单位、施工单位名称等。

6.3.4　施工许可证

项目监理机构留存施工许可证，条件许可也可留存项目立项文件、建设用地规划许可证及附件、建设工程规划许可证及附件等。

6.3.5　总监任命书及工程质量终身承诺书

收集由工程监理单位法定代表人签发的总监任命书，监理单位项目负责人工程质量终身承诺书。经监理单位法定代表人同意，由总监书面授权代表总监行使其部分职责和权力的总监代表授权书。总监理工程师注册证书、劳动合同、社保证明、工资发放证明等市场行为检查资料。

6.3.6　监理规划

监理规划应在签订委托监理合同、收到设计文件、收到施工单位报送的施工组织设计后开始编制，由总监理工程师组织专业监理工程师进行编制，并经监理单位技术负责人批准，用来指导项目监理机构全面开展监理工作的指导性文件。

监理规划应在召开第一次工地会议 7 天前报送建设单位，其内容应有针对性，做到控制目标明确、措施得力有效、工作程序合理、工作制度健全、职责分工明确，对监理工作确实有指导作用。并应有时效性，在建设项目实施过程中，应根据情况的变化做出必要的调整和修改，并在经原审批程序批准后，报送建设单位。

监理规划的内容包括工程项目特征（如工程名称、建设地点、建设规模、工程特点等），工程相关单位名录（如建设单位、勘察单位、设计单位、施工单位等），监理工作的主要依据，监理范围和目标，工程的进度、质量、造价、安全控制，旁站监理方案，合同及其他事项的管理，项目监理机构的组织形式、人员构成及职责分工，项目监理部资源配置一览表，监理工作的程序、工作方法、措施、管理制度等。

6.3.7　监理实施细则

针对某一专业或某一方面建设工程监理工作的操作性文件。由专业监理工程师负责编制，并经总监理工程师审核批准。监理实施细则必须符合监理规划的要求，结合施工项目的专业特点，做到具体、详尽，具有可操作性。监理实施细则也要根据实际情况的变化进行必要的修改、补充、完善，并再经总监理工程师审核批准。监理实施细则包括专业工程特点，监理工作流程，监理工作的控制要点及目标值，监理工作的方法及措施等。监理实施细则主要有桩基、土方开挖、基础、主体、预制构件厂、装配式构件吊装和运输、砌体、防水、装饰装修、水电、消防、节能、见证取样、旁站、安全文明施工等。

6.3.8 监理月报

项目监理机构每月向建设单位提交的建设工程监理工作及建设工程实施情况等分析总结报告。一般可根据工程建设规模的大小决定汇总内容的详细程度。具体如下：工程概况、当月工程的形象进度、工程进度、工程质量与安全、工程质量与工程款支付、合同及其他事项的处理情况、当月的监理工作小结。

6.3.9 监理会议纪要

监理会议纪要有第一次工地会议纪要、监理例会纪要及专题会议纪要。会议纪要根据会议记录整理，经总监理工程师审阅、与会各方代表会签，再发至有关参建各方，并应做好签收手续。会议纪要内容主要包括：例会的地点与时间，会议主持人，与会人员的姓名、单位和职务，例会的主要内容、决议事项和落实单位、负责人与时限要求，以及其他事项。

6.3.10 监理工程师通知单

监理工程师通知单（简称“监理通知单”）是指监理工程师在检查承包单位于施工过程中发现的问题后，用通知单这一书面形式通知承包单位并要求其进行整改，整改后再报监理工程师复查。在监理工作中，项目监理机构按委托监理合同授予的权限，对承包单位所发出的指令、提出的要求，除另有规定外，均应采用《监理工程师通知单》。监理工程师现场发出的口头指令及要求，也应采用《监理工程师通知单》予以确认。

6.3.11 监理工程师通知回复单

施工单位按照监理工程师通知的要求，对缺陷部位进行整改合格后，报项目监理机构复查。回复单内容应与监理工程师通知单的内容相对应，监理工程师检查合格后签署意见。

6.3.12 工作联系单

工作联系单用于工程有关各方之间的传递意见、决定、通知、要求等信息。

6.3.13 工程暂停令

项目监理机构发现下列情况之一时：建设单位要求暂停施工且工程需要暂停施工的；施工单位未经批准擅自施工或拒绝项目监理机构管理的；施工单位未按审查通过的工程设计文件施工的；施工单位未按批准的施工组织设计、（专项）施工方案施工或违反工程建设强制性标准的；施工存在重大质量、安全事故隐患或发生质量、安全事故的，总监理工程师征得建设单位同意后及时签发工程暂停令。紧急情况下未能事先报告的，事后应及时向建设单位做出书面报告。

6.3.14　工程复工报审表及工程复工令

当暂停施工原因消失、具备复工条件时，施工单位提出复工申请的，项目监理机构审查施工单位报送的复工报审表及有关材料，符合要求后，总监理工程师及时签署审查意见，并报建设单位批准后签发工程复工令。施工单位未提出复工申请的，总监理工程师根据工程实际情况指令施工单位恢复施工。

工程复工报审表按《建设工程监理规范》GB/T 50319—2013 表 B.0.3 的要求填写，工程复工令按表 A.0.7 的要求填写。

6.3.15　监理日志

监理日志根据项目组成情况设立，工程项目为一个标段、一个总承包单位的，按一个项目监理机构建立一本监理日志，工程项目分为多个施工标段、多个总承包单位的，按施工标段或总承包单位建立多本监理日志。

监理日志不等同于监理人员记录的监理日记，总监理工程师根据工程实际情况指定专业监理工程师负责记录。监理日志填写的主要内容有：施工进展情况、监理工作情况、发现问题及处理情况、其他事项、总监理工程师签阅意见。特别注意对现场存在的危险性较大的分部分项工程每天进行安全巡视检查的情况必须有巡视记录。

6.3.16　监理旁站记录

根据《房屋建筑工程施工旁站监理管理办法》规定，监理人员对关键部位、关键工序的施工质量实施全过程现场旁站监督。房屋建筑工程的关键部位、关键工序包括：土方回填，混凝土灌注桩浇筑，地下连续墙、土钉墙、后浇带及其他结构混凝土、防水混凝土浇筑，卷材防水层细部构造处理，钢结构安装；主体结构工程方面包括：梁柱节点钢筋隐蔽过程、混凝土浇筑、预应力张拉、装配式结构吊装、钢结构安装、网架结构安装、索膜安装。

旁站记录填写主要内容有：工程名称、旁站的关键部位、关键工序、施工单位、旁站开始时间和结束时间、施工情况、监理情况、发现的问题及处理情况等。

6.3.17　分包单位资质报审

施工总承包单位应选择具有承担分包工程施工资质和能力的单位，填写《分包单位资格报审表》报项目监理部，专业监理工程师审查总承包单位报送的分包单位有关资质资料，符合有关规定后，报总监理工程师审批。

6.3.18　大事记

主要包括：总承包单位进场，项目部成立时间，图纸会审时间；第一次工地会议召开时间，开工时间（施工许可证下发时间），危险性较大工程专家论证时间，基坑支护施工开始时间，基础施工开始时间，基础验槽时间，主体封顶，各分部工程验收时间（支护、基础、主体、节能、幕墙、分户、消防、竣工预验、竣工），各项重要受检时间（安全、质量、市场行为及各专项检查等）。

6.3.19 工程资料移交清单或其他资料移交证明（城建档案馆）

主要有项目完工后移交建设单位资料清单、移交本监理公司资料清单、移交城建档案馆资料清单。

6.3.20 工程竣工验收备案证明书或其他证明资料

建设工程竣工验收表首页建设单位名称，必须与建筑许可证名称相符，名称如有变更，须持有关变更文件。“竣工验收意见”各单位应填写结论评语，公章必须是法人单位公章。

6.3.21 获奖证书

项目实施过程中获得的政府建设主管部门颁发的证书。

6.3.22 监理业务手册

监理业务手册包括下列主要内容：工程项目名称、建设地点、工程类别、建设规模、工程造价、监理费用、合同工期、开竣工日期、五方责任主体名称、项目监理机构、监理工作内容及监理成效概述、竣工验收结论、建设单位评价意见。

6.3.23 监理工作总结

监理工作总结包括下列主要内容：工程概况、项目监理机构、建设工程监理合同履行情况、监理工作成效、监理工作中发现的问题及其处理情况、说明和建议，必要时还可以附上工程照片或录像等。施工阶段监理工作结束后，由总监理工程师主持编写监理工作总结，然后报送建设单位和监理单位。

6.4 监理进度控制资料

6.4.1 监理进场通知单

收集由建设单位出具的要求监理单位进场的通知单，作为监理合同工期考核依据，并作为办理延期结算的依据，如建设单位口头通知进场，事后要及时让建设单位补发纸质版进场通知单。

6.4.2 工程开工/复工报审表

当现场具备开工条件且已做好各项施工准备工作后，施工单位应及时填写《工程开/复工报审表》报项目监理部，总监理工程师审批后报建设单位。

6.4.3 开工令

项目具备以下几个条件时，由总监理工程师签发开工令：当地政府主管部门已签发《建设工程施工许可证》；施工组织设计已经总监理工程师批准；征地拆迁工作能满足工程进度需要；承包单位管理人员已到位，机具、施工人员已进场；主要工程材料已落实；进场道路及水、电、通信等已满足开工要求；测量控制已查验合格。

6.4.4 施工进度计划报审表

施工单位应根据建设工程施工合同的约定，及时编制施工总进度计划、年进度计划、月进度计划及周进度计划，并及时填写《施工进度计划报审表》报项目监理部审批，总监理工程师审批后报建设单位。监理机构审核的重点是施工单位保证工期的施工技术、组织措施是否可行合理，施工方案及机械设备能力与工期目标是否一致合理。

6.5 质量控制资料

6.5.1 施工测量放线报验

1. 施工单位应将施工测量方案，红线桩的校核成果，水准点的引测结果填写《施工测量放线报验表》，并附上工程定位测量记录报项目监理机构查验。

2. 施工单位在施工场地设置平面坐标控制网（或控制导线）及高程控制网后，也应填写施工测量放线报验表报项目机构查验。

3. 对施工轴线控制桩的位置，各楼层墙轴线、柱轴线、边线、门窗洞口位置线、水平控制线、轴线竖向投测控制线等放线结果，施工单位也应填写施工测量放线报验表，并附楼层放线记录报项目监理机构查验。

6.5.2 材料进场报验

材料进场后，施工单位应根据有关规定对使用的主要原材料、构（配）件和设备进行检查，合格后填写工程材料/构（配）件/设备报审表，并附进场材料质量证明文件、进场材料复试报告、材料检测合格证等相关资料，报项目监理机构审核，监理工程师签署审查意见。

6.5.3 分部（子分部）工程施工质量验收报验

单位工程完成分部（子分部）工程施工，经过自检合格后，填写分部（子分部）工程施工质量验收报验表，并附分部（子分部）工程施工质量验收记录和相关附件，报项目监理机构，总监理工程师应组织验收并签署意见。

6.5.4 监理抽检

当监理工程师对工程巡视检查或对质量有怀疑进行抽检时，由监理工程师负责填写监理抽检记录，并交总监理工程师审定。

6.5.5 不合格项处置

监理工程师在隐蔽工程验收和检验批验收中，针对不合格的工程填写《不合格项处置记录》，监督施工单位整改。

6.5.6 单位（子单位）工程施工质量竣工预验收

施工单位在单位（子单位）工程完工，经自检合格并达到竣工预验收条件后填写单位（子单位）工程施工质量竣工预验收报验表，并附相应资料报项目监理机构，申请工程竣工预验收。总监理工程师组织对工程进行竣工预验收。对于存在的问题，施工单位应及时整改，整改合格后由总监理工程师签署单位（子单位）工程质量竣工预验收报验表。

6.5.7 见证取样

单位工程施工前，监理单位应根据施工单位报送的施工试验计划编制见证取样和送检计划，内容包括见证取样和送检的项目、取样的原则与方式、应做的试验、检测总数及见证取样、检测次数等。

取样包括：用于承重结构的混凝土试块，用于承重墙体的砌筑砂浆试块，用于承重结构的钢筋及连接接头试件，用于承重墙的砖和混凝土小型砌块，用于拌制混凝土和砌筑砂浆的水泥，用于承重结构的混凝土中使用的掺加剂；地下、屋面、厕浴间使用的防水材料，国家规定必须实行见证取样和送检的其他试块、试件和材料。

6.5.8 工程质量评估报告

工程竣工预验收合格后，由项目总监理工程师向建设单位提交工程质量评估报告。工程质量评估报告包括工程概况、施工单位基本情况、主要采取的施工方法，工程地基基础和主体结构及各分部的质量状况，施工中发生过的质量事故和主要质量问题及原因分析和处理结果，对工程质量的综合评估意见。评估报告由项目总监理工程师及监理单位技术负责人签字，并加盖公章。

6.5.9 质量事故处理资料

施工中发生的质量事故，应按有关规定上报工程质量事故处理方案报审表，项目总监理工程师应将质量事故处理资料书面报告有关部门。

6.6 投资控制资料

6.6.1 工程款支付申请表

施工单位上报的工程量必须是经专业监理工程师验收合格后的工程量，并附其他与付款有关的证明文件和资料，由专业监理工程师依据合同工程量清单，按照清单计算方法进行审核，确认后由总监理工程师审核签认。

6.6.2 工程款支付证书

按照审核确认后的工程款支付申请，由监理机构出具工程款支付证书，经总监理工程师签字确认后报建设单位审批。

6.6.3　工程变更、洽商费用报审表

由总监理工程师依据合同文件进行审核，签署审核意见后，报建设单位审定。

6.6.4　工程竣工结算审核意见书

工程竣工结算审核意见书包含以下几项内容：合同工程价款、工程变更价款、费用索赔合计金额、依据合同规定承包单位应得的其他款项；工程竣工结算的价款总额；建设单位已支付的工程款、建设单位向承包单位的费用索赔合计金额、质量保修金额、依据合同规定应扣除承包单位的其他款项；建设单位应支付的金额。以上内容经专业监理工程师审核确认后，由总监理工程师签署意见并签发。

6.7　工期管理资料

工程发生延期事件时，施工单位在合同约定的期限内，向项目监理部提交工程临时/最终延期报审表，表中“说明”栏要由总监理工程师说明同意或不同意工程临时/最终延期的理由和依据，由总监理工程师签发，签发前应征得建设单位同意。

监理机构按照施工合同文件的约定进行审核，如：非施工单位的责任造成工程不能按合同原定日期开工；工程量的实质性变化和设计变更；非施工单位原因停水、停电、停气造成停工时间超过合同的约定；国家或市有关部门正式发布的不可抗力事件；异常不利的气候条件；建设单位同意工期相应顺延的其他情况进行审核。

6.8　监理验收资料

6.8.1　单位工程竣工验收报审表

审查施工单位需报送的：材料、设备、构（配）件的质量合格证明材料；试验、检验资料；核查隐蔽工程记录及施工记录；竣工图，审查无误后由总监理工程师签署意见。

6.8.2　施工物质出厂质量证明及进场检测资料

由施工单位保存监理单位审核，涉及装配式结构的资料主要包括：出厂质量证明文件及出厂检测报告汇总表；钢材核查要录、试验报告；水泥核查要录、试验报告；砂试验报告；碎（石）试验报告；外加剂试验报告；预制构件检验报告；节能材料复试报告。

6.8.3　施工记录资料

由施工单位保存监理单位审核，涉及装配式结构的资料主要包括：隐蔽工程检查记录表、工程定位测量记录、中间检查交接记录表、大型构件吊装记录。

6.8.4　施工试验记录及检测资料

由施工单位保存监理单位审核，涉及装配式结构的资料主要包括：混凝土抗压强度试

验报告；混凝土试块强度统计、评定记录；混凝土抗渗试验报告；超声波探伤报告、探伤记录；灌浆套筒质量检测报告；灌浆料强度检测报告；主体结构实体检验报告（混凝土强度检测、钢筋分布检测、楼板厚度检测、拉结筋拉拔力检测）；混凝土钢筋保护层厚度检验报告；外门窗的抗风压性能、空气渗透性能、雨水渗透性能及平面内变形性能检测报告；墙体节能工程保温板材与基层粘结强度拉拔试验；围护结构现场实体检测；节能性能检测；室内环境检测报告。

6.8.5 工程竣工验收资料

由施工单位保存监理单位审核，主要包括：建筑节能专项工程竣工验收备案表、分户验收汇总表、建筑工程无障碍设施验收记录表、住宅工程信息管网工程质量验收记录表、建筑工程竣工验收报告、单位工程竣工验收原始记录（表）、施工单位工程竣工报告、施工单位建设工程自评报告、勘察单位建设工程检查报告、设计单位建设工程检查报告、监理单位质量评估报告、建设工程竣工验收会议纪要。

6.8.6 工程声像资料等

主要有开工前原貌、施工阶段、竣工新貌照片；装配式构件吊装、灌浆过程录像资料等。

6.8.7 施工常用表格

施工常用表格见表 6.8-1 至表 6.8-17。

预制板类构件模具质量检验记录 **表 6.8-1**

<table>
<tr><td>工程名称</td><td colspan="3"></td><td colspan="2">构件模具编号</td><td colspan="2"></td></tr>
<tr><td>生产班组</td><td colspan="3"></td><td colspan="2">检验员</td><td colspan="2"></td></tr>
<tr><td>检查项目</td><td colspan="3">质量检验标准的规定</td><td colspan="4">生产单位检验记录</td></tr>
<tr><td rowspan="4">主控项目</td><td colspan="3">底模质量</td><td colspan="4"></td></tr>
<tr><td colspan="3">模具的材料和配件质量</td><td colspan="4"></td></tr>
<tr><td colspan="3">模具部件和预埋件的连接固定</td><td colspan="4"></td></tr>
<tr><td colspan="3">模具的缝隙应不漏浆</td><td colspan="4"></td></tr>
<tr><td rowspan="13">一般项目
及允许偏差(mm)</td><td colspan="3">模具内杂物清理、涂刷隔离剂</td><td colspan="4"></td></tr>
<tr><td colspan="3">清水构件模具外观质量</td><td colspan="4"></td></tr>
<tr><td rowspan="4">长度、宽度</td><td>≤6m</td><td>1，−2</td><td></td><td></td><td></td><td></td></tr>
<tr><td>>6m 且≤12m</td><td>2，−3</td><td></td><td></td><td></td><td></td></tr>
<tr><td>>12m 且≤18m</td><td>3，−4</td><td></td><td></td><td></td><td></td></tr>
<tr><td>>18m</td><td>3，−5</td><td></td><td></td><td></td><td></td></tr>
<tr><td colspan="2">厚度</td><td>±1</td><td></td><td></td><td></td><td></td></tr>
<tr><td colspan="2">肋宽</td><td>±2</td><td></td><td></td><td></td><td></td></tr>
<tr><td colspan="2">对角线差</td><td>4</td><td></td><td></td><td></td><td></td></tr>
<tr><td colspan="2" rowspan="2">表面平整度</td><td>清水面 1</td><td></td><td></td><td></td><td></td></tr>
<tr><td>普通面 2</td><td></td><td></td><td></td><td></td></tr>
<tr><td colspan="2">对角线差</td><td>3</td><td></td><td></td><td></td><td></td></tr>
<tr><td colspan="2">侧向弯曲</td><td>L/1500 且≤4
(L=____ mm)</td><td></td><td></td><td></td><td></td></tr>
</table>

续表

一般项目及允许偏差(mm)	扭翘	L/1500 且≤5 (L=____ mm)				
	组装间隙	1				
	拼板表面高低差	0.5				
	起拱或下垂	±2				
	预埋钢板、预埋木砖定位	3				
生产单位检验结果	不合格品返修记录					
	检验结果： 年 月 日					

注：L 为模具与混凝土接触面中最长边的尺寸（mm）。

预制墙板类构件模具质量检验记录 **表 6.8-2**

工程名称				构件模具编号			
生产班组				检验员			
检查项目	质量检验标准的规定			生产单位检验记录			
主控项目	底模质量						
	模具的材料和配件质量						
	模具部件和预埋件的连接固定						
	模具的缝隙应不漏浆						
一般项目及允许偏差(mm)	模具内杂物清理、涂刷隔离剂						
	清水构件模具外观质量						
	宽、高度		1,−2				
	厚度		±1				
	表面平整度	清水面	1				
		非清水面	2				
	对角线差		3				
	侧向弯曲		L/1500 且≤2 (L=____ mm)				
	扭翘		L/1500 且≤2 (L=____ mm)				
	组装间隙		1				
	拼板表面高低差		0.5				
	键槽	中心线位置偏移	2				
		长度、宽度	±2				
		深度	±1				
	预埋钢板、预埋木砖定位		3				
生产单位检验结果	不合格品复查返修记录						
	检验结果： 年 月 日						

注：L 为模具与混凝土接触面中最长边的尺寸（mm）。

预制梁柱类构件模具质量检验记录 **表 6.8-3**

工程名称				构件模具编号			
生产班组				检验员			
检查项目	质量检验标准的规定			生产单位检验记录			
主控项目	底模质量						
	模具的材料和配件质量						
	模具部件和预埋件的连接固定						
	模具的缝隙应不漏浆						
一般项目及允许偏差(mm)	模具内杂物清理、涂刷隔离剂						
	清水构件模具外观质量						
	长	≤6m	1,−2				
		>6m 且≤12m	2,−3				
		>12m 且≤18m	3,−4				
		>18m	3,−5				
	截面尺寸		0,−2				
	翼板厚		±2				
	侧向弯曲	梁、柱	L/1500 且≤5 (L=____ mm)				
		薄腹梁、桁架	L/1500 且≤5 (L=____ mm)				
	表面平整度	清水面	1				
		非清水面	2				
	拼板表面高低差		0.5				
	梁设计起拱		±2				
	端模平直		1				
	牛腿支撑面位置		±2				
	键槽	中心线位置偏移	2				
		长度、宽度	±2				
		深度	±1				
	预埋钢板定位		3				
生产单位检验结果	不合格品复查返修记录						
	检验结果： 年 月 日						

注：L 为模具与混凝土接触面最长边的尺寸（mm）。

钢筋半成品质量检验记录（一）　　　　**表6.8-4**

工程名称				钢筋半成品编号				
生产班组				检验员				
工序	项目	质量检验标准要求			生产单位检验记录			
冷拉	外观质量	钢筋表面裂纹、断面明显粗细不匀		不应有				
	允许偏差（mm）	盘条拉长率		±1%				
		热镦头预应力筋有效长度		+5,0				
冷拔	外观质量	钢筋表面斑痕、裂纹、纵向拉痕		不应有				
	允许偏差（mm）	非预应力钢丝直径	$\leqslant\phi^{b}4$	±0.1				
			$>\phi^{b}4$	±0.15				
		钢丝截面椭圆度	$\leqslant\phi^{b}4$	0.1				
			$>\phi^{b}4$	0.15				
调直	外观质量	钢筋表面划伤、锤痕		不应有				
	允许偏差（mm）	局部弯曲	冷拉调直	4				
			调直机调直	2				
切断	外观质量	断口马蹄形		不应有				
	允许偏差（mm）	长度	非预应力钢筋	±5				
			预应力钢筋	±2				
冷镦	外观质量	镦头严重裂纹		不应有				
	允许偏差（mm）	镦头	直径	≥1.5d				
			厚度	≥0.7d				
			中心偏移	1				
		同组钢丝有效长度极差		2				
热镦	外观质量	夹具处钢筋烧伤		不应有				
	允许偏差（mm）	镦头	直径	≥1.5d				
			中心偏移	2				
		同组钢筋有效长度极差	长度≥4.5m	3				
			长度<4.5m	2				
弯曲	外观质量	弯曲部位裂纹		不应有				
	允许偏差（mm）	箍筋	内径尺寸	±3				
		其他钢筋	长度	0,−5				
			弓铁高度	0,−3				
			起弯点位移	15				
			对焊焊口与起弯点距离	>10d				
			弯钩相对位移	8				
		折叠	成型尺寸	±10				
生产单位检验结果	不合格品复查返修记录							
	检验结果： 年　月　日							

注：d为钢筋直径（mm）。

钢筋半成品质量检验记录（二）　　表 6.8-5

工程名称				钢筋半成品编号			
生产班组				检验员			
工序	项目	质量检验标准要求			生产单位检验记录		
点焊	外观质量	脱点、漏点	周边两行	不应有			
			中间部位				
	允许偏差（mm）	焊点压入深度应为较小钢筋直径的百分率	热轧钢筋点焊	18%～25%			
			冷拔低碳钢丝点焊	18%～25%			
对焊	外观质量	接头处表面裂纹、卡具部位钢筋烧伤	HPB300、HRB335 钢筋有轻微烧伤，HRB400、HRB500 钢筋不应有				
	允许偏差（mm）	两根钢筋的轴线	折角	<2°			
			偏移	≤0.1d 且≤1			
电弧焊	外观质量	焊缝表面裂纹、较大凹陷、焊瘤、药皮不净		不应有			
	允许偏差（mm）	帮条焊接接头中心线的纵向偏移		≤0.3d			
		两根钢筋的轴线	折角	≤2°			
			偏移	≤0.1d 且≤1			
		焊缝表面气孔和夹渣	2d 长度以上	≤2 个且≤6mm^2			
			直径	≤3			
		焊缝厚度		−0.05d			
		焊缝宽度		−0.1d			
		焊缝长度		−0.5d			
		横向咬边深度		≤0.05d 且≤0.5			
埋弧压力焊	允许偏差（mm）	钢筋咬边深度		≤0.5			
		钢筋相对钢板的直角偏差		≤2°			
		钢筋间距		±10			
焊接预埋铁件	允许偏差（mm）	规格尺寸		0，−5			
		表面平整		2			
		锚爪	长度	±5			
			偏移	5			
生产单位检验结果		不合格品复查返修记录					
		检验结果： 年　月　日					

注：d 为钢筋直径（mm）。

钢筋成品质量检验记录　　**表 6.8-6**

<table>
<tr><td>工程名称</td><td colspan="2"></td><td>构件编号</td><td colspan="4"></td></tr>
<tr><td>生产班组</td><td colspan="2"></td><td>检验员</td><td colspan="4"></td></tr>
<tr><td>检查项目</td><td colspan="3">质量检验标准的规定</td><td colspan="4">生产单位检验记录</td></tr>
<tr><td rowspan="11">主控项目</td><td colspan="3">钢筋、预应力筋力学性能和重量偏差</td><td colspan="4"></td></tr>
<tr><td colspan="3">冷加工钢筋的物理力学性能</td><td colspan="4"></td></tr>
<tr><td colspan="3">预应力筋用锚具、夹具和连接器性能</td><td colspan="4"></td></tr>
<tr><td colspan="3">预埋件用钢材、焊条、防腐材料</td><td colspan="4"></td></tr>
<tr><td colspan="3">螺栓、吊钉、螺母、套筒等预埋配件</td><td colspan="4"></td></tr>
<tr><td colspan="3">灌浆套筒</td><td colspan="4"></td></tr>
<tr><td colspan="3">保温连接件、石材或瓷板背面卡钩等</td><td colspan="4"></td></tr>
<tr><td colspan="3">成型钢筋质量</td><td colspan="4"></td></tr>
<tr><td colspan="3">钢筋连接质量</td><td colspan="4"></td></tr>
<tr><td colspan="3">钢筋骨架的钢筋牌号、规格、数量</td><td colspan="4"></td></tr>
<tr><td colspan="3">钢筋接头百分率、搭接长度及锚固长度等</td><td colspan="4"></td></tr>
<tr><td rowspan="20">一般项目
允许偏差
(mm)</td><td colspan="3">钢筋、预应力筋表面质量</td><td colspan="4"></td></tr>
<tr><td colspan="3">灌浆套筒、保温板、保温拉结件、
石材或瓷板背面卡钩、预埋件</td><td colspan="4"></td></tr>
<tr><td colspan="3">成型钢筋的外观质量和尺寸偏差</td><td colspan="4"></td></tr>
<tr><td colspan="3">钢筋骨架或网片焊接质量</td><td colspan="4"></td></tr>
<tr><td rowspan="4">钢筋网片</td><td>长、宽</td><td>±5</td><td></td><td></td><td></td><td></td></tr>
<tr><td>网眼尺寸</td><td>±10</td><td></td><td></td><td></td><td></td></tr>
<tr><td>对角线差</td><td>5</td><td></td><td></td><td></td><td></td></tr>
<tr><td>端头不齐</td><td>5</td><td></td><td></td><td></td><td></td></tr>
<tr><td rowspan="8">钢筋骨架
或网片</td><td>长</td><td>0,−5</td><td></td><td></td><td></td><td></td></tr>
<tr><td>宽</td><td>±5</td><td></td><td></td><td></td><td></td></tr>
<tr><td>厚</td><td>±5</td><td></td><td></td><td></td><td></td></tr>
<tr><td>主筋间距</td><td>±10</td><td></td><td></td><td></td><td></td></tr>
<tr><td>主筋排距</td><td>±5</td><td></td><td></td><td></td><td></td></tr>
<tr><td>起弯点位移</td><td>15</td><td></td><td></td><td></td><td></td></tr>
<tr><td>箍筋间距</td><td>±10</td><td></td><td></td><td></td><td></td></tr>
<tr><td>端头不齐</td><td>5</td><td></td><td></td><td></td><td></td></tr>
<tr><td rowspan="2">钢筋保护层</td><td>梁、柱</td><td>±3</td><td></td><td></td><td></td><td></td></tr>
<tr><td>墙、板</td><td>±3</td><td></td><td></td><td></td><td></td></tr>
<tr><td rowspan="2">预埋钢板、木砖</td><td>中心线位置</td><td>3</td><td></td><td></td><td></td><td></td></tr>
<tr><td>平面高差</td><td>±2</td><td></td><td></td><td></td><td></td></tr>
<tr><td colspan="2" rowspan="2">生产单位
检验结果</td><td>不合格品
复查返修记录</td><td colspan="5"></td></tr>
<tr><td colspan="6">检验结果：
年　月　日</td></tr>
</table>

混凝土浇筑记录 **表 6.8-7**

<table>
<tr><td colspan="4">混凝土浇筑记录</td><td colspan="3">编号</td><td colspan="2"></td></tr>
<tr><td colspan="2">工程名称</td><td colspan="7"></td></tr>
<tr><td colspan="2">生产单位</td><td colspan="7"></td></tr>
<tr><td colspan="2">构件编号</td><td colspan="2"></td><td colspan="3">混凝土设计强度等级</td><td colspan="2"></td></tr>
<tr><td colspan="2">浇筑开始时间</td><td colspan="2">年 月 日 时</td><td colspan="3">浇筑完成时间</td><td colspan="2">年 月 日 时</td></tr>
<tr><td colspan="2">天气情况</td><td></td><td>室外气温</td><td colspan="3">℃</td><td>混凝土完成数量</td><td>m^3</td></tr>
<tr><td rowspan="3">混凝土来源</td><td rowspan="2">预拌混凝土</td><td>生产厂家</td><td></td><td colspan="4">供料强度等级</td><td></td></tr>
<tr><td>运输单编号</td><td colspan="6"></td></tr>
<tr><td colspan="4">自拌混凝土开盘鉴定编号</td><td colspan="4"></td></tr>
<tr><td colspan="2">实测坍落度</td><td colspan="2">mm</td><td>出盘温度</td><td>℃</td><td colspan="2">入模温度</td><td>℃</td></tr>
<tr><td colspan="4">试件留置种类、数量、编号和养护情况</td><td colspan="5"></td></tr>
<tr><td colspan="4">混凝土浇筑前的隐蔽工程检查情况</td><td colspan="5"></td></tr>
<tr><td colspan="4">混凝土浇筑的连续性</td><td colspan="5"></td></tr>
<tr><td colspan="4">生产负责人</td><td colspan="3"></td><td>填表人</td><td></td></tr>
</table>

旁站记录　　**表 6.8-8**

工程名称：　　　　编号：

旁站的关键部位、关键工序		施工单位	
旁站开始时间	年　月　日　时　分	旁站结束时间	年　月　日　时　分

旁站的关键部位、关键工序施工情况

灌浆施工人员通过考核　是□　否□

专职检验人员到岗　是□　否□

设备配置满足灌浆施工要求　是□　否□

环境温度符合灌浆施工要求　是□　否□

浆料配比搅拌符合要求　是□　否□

出浆口封堵工艺符合要求　是□　否□

出浆口未出浆，采取的补灌工艺符合要求　是□　否□　不涉及□

发现的问题及处理情况：

旁站监理人员（签字）：

年　月　日

注：本表一式一份，项目监理机构留存。

预制板类构件质量检验记录　　　　表 6.8-9

工程名称				构件编号			
生产班组				检验员			
检查项目	质量检验标准的规定			生产单位检验记录			
主控项目	预制构件结构性能						
	预制构件的脱模强度						
	预应力构件						
	预埋预留、粗糙面、键槽						
	面砖粘结强度						
	夹心保温外墙板保温性能、连接件性能						
	预制构件的严重缺陷						
一般项目及允许偏差（mm）	预制构件外观质量						
	表面标识						
	长度、宽度	≤6m	±3				
		>6m 且≤12m	±5				
		>12m 且≤18m	±8				
		>18m	±10				
	厚度		±3				
	对角线差		5				
	肋宽		±5				
	对角线差		10				
	表面平整	清水面	2				
		非清水面	3				
	侧向弯曲		L/1000 且≤8（L=____ mm）				
	扭翘		L/1000≤10（L=____ mm）				
	预埋钢板	中心线位置偏移	5				
		平面高差	0，−5				
	预埋螺栓	中心线位置偏移	2				
		外露长度	+10，−5				
	桁架钢筋高度		+3，0				
	主筋保护层		+5，−3				
生产单位检验结果	不合格品返修记录						
	检验结果： 年　月　日						

注：L 为构件长度（mm）。

预制墙板类构件质量检验记录　　表 6.8-10

工程名称				构件编号			
生产班组				检验员			
检查项目	质量检验标准的规定			生产单位检验记录			
主控项目	预制构件结构性能						
	预制构件的脱模强度						
	预应力构件						
	预埋预留、粗糙面、键槽						
	面砖粘结强度						
	夹心保温外墙板保温性能、连接件性能						
	预制构件的严重缺陷						
一般项目及允许偏差(mm)	预制构件外观质量						
	表面标识						
	宽度、高度		±3				
	厚度		±2				
	对角线差		5				
	门窗口	尺寸	±4				
		对角线差	4				
		位置偏移	3				
	表面平整度	清水面	2				
		非清水面	3				
	侧向弯曲		$L/1000$ 且≤5 (L=____ mm)				
	扭翘		$L/1000$ 且≤5 (L=____ mm)				
	预埋钢板、木砖	中心线位置偏移	5				
		平面高差	0,−5				
	预埋螺栓	中心线位置偏移	2				
		外露长度	+10,−5				
	键槽	中心线位置偏移	5				
		长度、宽度	±5				
		深度	±5				
	主筋保护层		+5,−3				
生产单位检验结果	不合格品复查返修记录						
	检验结果： 年　月　日						

注：L 为构件长度（mm）。

预制梁柱类构件质量检验记录 **表 6.8-11**

<table>
<tr><td>工程名称</td><td colspan="3"></td><td colspan="3">构件编号</td><td></td></tr>
<tr><td>生产班组</td><td colspan="3"></td><td colspan="3">检验员</td><td></td></tr>
<tr><td>检查项目</td><td colspan="3">质量检验标准的规定</td><td colspan="4">生产单位检验记录</td></tr>
<tr><td rowspan="7">主控
项目</td><td colspan="3">预制构件结构性能</td><td colspan="4"></td></tr>
<tr><td colspan="3">预制构件的脱模强度</td><td colspan="4"></td></tr>
<tr><td colspan="3">预应力构件</td><td colspan="4"></td></tr>
<tr><td colspan="3">预埋预留、粗糙面、键槽</td><td colspan="4"></td></tr>
<tr><td colspan="3">面砖粘结强度</td><td colspan="4"></td></tr>
<tr><td colspan="3">夹心保温外墙板保温性能、连接件性能</td><td colspan="4"></td></tr>
<tr><td colspan="3">预制构件的严重缺陷</td><td colspan="4"></td></tr>
<tr><td rowspan="22">一般项目及
允许偏差
(mm)</td><td colspan="3">预制构件外观质量</td><td colspan="4"></td></tr>
<tr><td colspan="3">表面标识</td><td colspan="4"></td></tr>
<tr><td rowspan="4">长度</td><td>≤6m</td><td>±3</td><td></td><td></td><td></td><td></td></tr>
<tr><td>>6m 且≤12m</td><td>±5</td><td></td><td></td><td></td><td></td></tr>
<tr><td>>12m 且≤18m</td><td>±8</td><td></td><td></td><td></td><td></td></tr>
<tr><td>>18m</td><td>±10</td><td></td><td></td><td></td><td></td></tr>
<tr><td colspan="2">截面尺寸</td><td>±3</td><td></td><td></td><td></td><td></td></tr>
<tr><td rowspan="2">表面平整度</td><td>清水面</td><td>2</td><td></td><td></td><td></td><td></td></tr>
<tr><td>非清水面</td><td>3</td><td></td><td></td><td></td><td></td></tr>
<tr><td rowspan="2">侧向弯曲</td><td>梁柱</td><td>L/1000 且≤10
(L=____ mm)</td><td></td><td></td><td></td><td></td></tr>
<tr><td>桁架</td><td>L/1000 且≤10
(L=____ mm)</td><td></td><td></td><td></td><td></td></tr>
<tr><td colspan="2">梁设计起拱</td><td>±5</td><td></td><td></td><td></td><td></td></tr>
<tr><td rowspan="2">预埋钢板</td><td>中心线位置偏移</td><td>5</td><td></td><td></td><td></td><td></td></tr>
<tr><td>平面高差</td><td>0,−5</td><td></td><td></td><td></td><td></td></tr>
<tr><td rowspan="2">预埋螺栓</td><td>中心线位置偏移</td><td>2</td><td></td><td></td><td></td><td></td></tr>
<tr><td>外露长度</td><td>+10,−5</td><td></td><td></td><td></td><td></td></tr>
<tr><td rowspan="3">键槽</td><td>中心线位置偏移</td><td>5</td><td></td><td></td><td></td><td></td></tr>
<tr><td>长度、宽度</td><td>±5</td><td></td><td></td><td></td><td></td></tr>
<tr><td>深度</td><td>±5</td><td></td><td></td><td></td><td></td></tr>
<tr><td colspan="2">主筋保护层</td><td>±5</td><td></td><td></td><td></td><td></td></tr>
<tr><td colspan="1" rowspan="2">生产单位
检验结果</td><td colspan="2">不合格品复查返修记录</td><td colspan="5"></td></tr>
<tr><td colspan="7">检验结果:

年 月 日</td></tr>
</table>

注:L 为构件长度(mm)。

预制混凝土构件出厂合格证　　　　**表 6.8-12**

预制混凝土构件出厂合格证			资料编号		
工程名称 及使用部位			合格证编号		
构件名称		型号规格		供应数量	
生产单位			构件编号		
标准图号或 设计图纸号			混凝土设计强度等级		
构件生产日期	至		构件出厂日期	年　月　日	
性能检验 评定结果	混凝土抗压强度		主筋		
	试验编号	达到设计强度(%)	试验编号	试验结论	
	外观		面层装饰材料		
	质量状况	规格尺寸	试验编号	试验结论	
	保温材料		保温连接件		
	试验编号	试验结论	试验编号	试验结论	
	钢筋连接套筒		结构性能		
	试验编号	试验结论	试验编号	试验结论	
备注			结论		
构件生产单位技术负责人		填表人	构件生产单位名称 (盖章)		
填表日期:					

灌浆令 **表 6.8-13**

<table>
<tr><td>工程名称</td><td colspan="5"></td></tr>
<tr><td>灌浆施工单位</td><td colspan="5"></td></tr>
<tr><td>灌浆施工部位</td><td colspan="5"></td></tr>
<tr><td>灌浆施工时间</td><td colspan="5">自　年　月　日　时起至　年　月　日　时止</td></tr>
<tr><td rowspan="4">灌浆施工人员</td><td>姓名</td><td colspan="2">考核编号</td><td>姓名</td><td>考核编号</td></tr>
<tr><td></td><td colspan="2"></td><td></td><td></td></tr>
<tr><td></td><td colspan="2"></td><td></td><td></td></tr>
<tr><td></td><td colspan="2"></td><td></td><td></td></tr>
<tr><td rowspan="8">工作界面完成检查及情况描述</td><td rowspan="2">界面检查</td><td colspan="4">套筒内杂物、垃圾是否清理干净　是□　否□</td></tr>
<tr><td colspan="4">灌浆孔、出浆孔是否完好、整洁　是□　否□</td></tr>
<tr><td rowspan="2">连接钢筋</td><td colspan="4">钢筋表面是否整洁、无锈蚀　是□　否□</td></tr>
<tr><td colspan="4">钢筋的位置及长度是否符合要求　是□　否□</td></tr>
<tr><td rowspan="2">分仓及封堵</td><td colspan="4">封堵材料：　封堵是否密实　是□　否□</td></tr>
<tr><td colspan="4">分仓材料：　是否按要求分仓　是□　否□</td></tr>
<tr><td rowspan="2">通气检查</td><td colspan="4">是否通畅　是□　否□</td></tr>
<tr><td colspan="4">不通畅预制构件编号及套筒编号：</td></tr>
<tr><td rowspan="4">灌浆准备工作情况描述</td><td>设备</td><td colspan="4">设备配置是否满足灌浆施工要求　是□　否□</td></tr>
<tr><td>人员</td><td colspan="4">是否通过考核：　是□　否□</td></tr>
<tr><td>材料</td><td colspan="4">灌浆料品牌：　检验是否合格：　是□　否□</td></tr>
<tr><td>环境</td><td colspan="4">温度是否符合灌浆施工要求　是□　否□</td></tr>
<tr><td rowspan="3">审批意见</td><td colspan="5">上述条件是否满足灌浆施工条件，
同意灌浆　□　不同意，整改后重新申请　□</td></tr>
<tr><td>项目负责人</td><td colspan="2"></td><td>签发时间</td><td></td></tr>
<tr><td>总监理工程师</td><td colspan="2"></td><td>签发时间</td><td></td></tr>
</table>

注：本表由专职检验人员填写。　　专职检验人员：　　日期：

钢筋套筒灌浆施工记录　　　　**表 6.8-14**

编号：

工程名称								楼号				
施工单位								楼层				
天气状况	环境温度	℃	流动度	mm	机具情况		□	正常		□	异常	
构件名称编号	开始时间	结束时间	浆料用量	密实度检查				是否符合要求				
				□	充盈	□	孔洞	□	有	□	否	
				□	充盈	□	孔洞	□	有	□	否	
				□	充盈	□	孔洞	□	有	□	否	
				□	充盈	□	孔洞	□	有	□	否	
				□	充盈	□	孔洞	□	有	□	否	
				□	充盈	□	孔洞	□	有	□	否	
				□	充盈	□	孔洞	□	有	□	否	
				□	充盈	□	孔洞	□	有	□	否	
				□	充盈	□	孔洞	□	有	□	否	
				□	充盈	□	孔洞	□	有	□	否	
				□	充盈	□	孔洞	□	有	□	否	
				□	充盈	□	孔洞	□	有	□	否	
				□	充盈	□	孔洞	□	有	□	否	
				□	充盈	□	孔洞	□	有	□	否	
				□	充盈	□	孔洞	□	有	□	否	
				□	充盈	□	孔洞	□	有	□	否	
				□	充盈	□	孔洞	□	有	□	否	
				□	充盈	□	孔洞	□	有	□	否	
专职检验人员：			日期：	班组长		栋号长			监理员			

装配式结构构件外观质量验收记录 **表 6.8-15**

分部(子分部)工程名称			分项工程名称	装配式结构	
施工单位		项目负责人		构件数量	
分包单位		分包单位项目负责人		构件类型	
施工依据			验收依据		

施工质量验收规范的规定			施工单位检查评定记录	检查结果
主控项目	1	预制构件的外观质量不应有严重缺陷	7.4.2 条		
	2	预制构件上的预埋件、预留插筋、预埋管线等的规格和数量应符合设计要求	7.4.3 条		
	3	预制构件应有标识	9.2.5 条		
	4	外观质量不应有一般缺陷	9.2.6 条		

	检查项目		允许偏差(mm)	检查数据					
一般项目	长度	楼板、梁、阳台板、楼梯	±5						
		墙板、柱	±5						
	宽高厚度	楼板、梁、阳台板、楼梯	±5						
		墙板、柱	±3						
	表面平整度	楼板、梁、阳台板、墙板内表面	5						
		墙板、柱外表面	3						
	侧向弯曲	楼板、阳台板、梁、柱	$L/750$ 且≤20						
		楼板、楼梯	$L/1000$ 且≤20						
	翘曲	楼板	$L/750$						
		墙板	$L/1000$						
	对角线差	楼板	10						
		墙板	5						
	预留孔	中心位置	5						
		孔尺寸	±5						
	预留洞	中心位置	10						
		洞口尺寸、深度	±10						
	预埋件	预埋板中心线偏差	5						
		预埋板与混凝土面高差	0,−5						
		预埋螺栓	2						
		预埋螺栓外露长度	+10,−5						
		预埋套筒、螺母中心位置	2						
		预埋套筒,螺母与混凝土面,平面高差	±5						
	预留插筋	中心位置	5						
		外露长度	+10,−5						
	键槽	中心线位置	5						
		长度、宽度、深度	±5						

施工单位检查结果	预制构件厂家: 施工员: 班组长: 质检员: 年 月 日
监理(建设)单位验收结论	专业监理工程师: (建设单位项目专业技术负责人) 年 月 日

注:L 为构件长度(mm)。

装配式结构安装与连接检验批质量验收记录　　表6.8-16

<table>
<tr><td colspan="2">单位(子单位)工程名称</td><td colspan="7"></td></tr>
<tr><td colspan="2">分部(子分部)工程名称</td><td colspan="4"></td><td>分项工程名称</td><td colspan="2"></td></tr>
<tr><td colspan="2">施工单位</td><td colspan="3"></td><td>项目负责人</td><td></td><td>检验批容量</td><td></td></tr>
<tr><td colspan="2">分包单位</td><td colspan="3">/</td><td>分包单位项目负责人</td><td>/</td><td>检验批部位</td><td></td></tr>
<tr><td colspan="2">施工依据</td><td colspan="4"></td><td>验收依据</td><td colspan="2"></td></tr>
<tr><td colspan="5">验收项目</td><td>设计要求及规范规定</td><td>最小/实际抽样数量</td><td>检查记录</td><td>检查结果</td></tr>
<tr><td rowspan="7">主控项目</td><td>1</td><td colspan="3">预制构件临时固定措施应符合施工方案的要求</td><td>第9.3.1条</td><td></td><td></td><td></td></tr>
<tr><td>2</td><td colspan="3">灌浆应饱满、密实</td><td>第9.3.2条</td><td></td><td></td><td></td></tr>
<tr><td>3</td><td colspan="3">钢筋采用焊接连接时，接头质量</td><td>第9.3.3条</td><td></td><td></td><td></td></tr>
<tr><td>4</td><td colspan="3">钢筋采用机械连接时，接头质量</td><td>第9.3.4条</td><td></td><td></td><td></td></tr>
<tr><td>5</td><td colspan="3">预制构件采用焊接、螺栓连接等连接方式时，材料性能及施工质量</td><td>第9.3.5条</td><td></td><td></td><td></td></tr>
<tr><td>6</td><td colspan="3">采用现浇混凝土连接构件时，构件连接处后浇混凝土强度</td><td>第9.3.6条</td><td></td><td></td><td></td></tr>
<tr><td>7</td><td colspan="3">外观质量不应有严重缺陷，且不应影响结构性能和安装及使用功能的尺寸偏差</td><td>第9.3.7条</td><td></td><td></td><td></td></tr>
<tr><td rowspan="14">一般项目及允许偏差</td><td>1</td><td colspan="3">外观质量不应有一般缺陷</td><td>第9.3.8条</td><td></td><td></td><td></td></tr>
<tr><td rowspan="2">2</td><td rowspan="2">构件轴线位置</td><td colspan="2">竖向构件(柱、墙板、桁架)</td><td>8mm</td><td></td><td></td><td></td></tr>
<tr><td colspan="2">水平构件(梁、楼板)</td><td>5mm</td><td></td><td></td><td></td></tr>
<tr><td>3</td><td>标高</td><td colspan="2">梁、柱、墙板楼板底面或顶面</td><td>±5mm</td><td></td><td></td><td></td></tr>
<tr><td rowspan="2">4</td><td rowspan="2">构件垂直度</td><td rowspan="2">柱、墙板安装后的高度</td><td>≤6m</td><td>5mm</td><td></td><td></td><td></td></tr>
<tr><td>＞6m</td><td>10mm</td><td></td><td></td><td></td></tr>
<tr><td>5</td><td>构件倾斜度</td><td colspan="2">梁、桁架</td><td>5mm</td><td></td><td></td><td></td></tr>
<tr><td rowspan="4">6</td><td rowspan="4">相邻构件平整度</td><td rowspan="2">梁、楼板底面</td><td>外露</td><td>3mm</td><td></td><td></td><td></td></tr>
<tr><td>不外露</td><td>5mm</td><td></td><td></td><td></td></tr>
<tr><td rowspan="2">柱、墙板</td><td>外露</td><td>5mm</td><td></td><td></td><td></td></tr>
<tr><td>不外露</td><td>8mm</td><td></td><td></td><td></td></tr>
<tr><td>7</td><td>构件搁置长度</td><td colspan="2">梁、板</td><td>±10mm</td><td></td><td></td><td></td></tr>
<tr><td>8</td><td>支座、支垫中心位置</td><td colspan="2">板、梁、柱、墙板、桁架</td><td>10mm</td><td></td><td></td><td></td></tr>
<tr><td>9</td><td colspan="3">墙板接缝宽度</td><td>±5mm</td><td></td><td></td><td></td></tr>
<tr><td colspan="4">施工单位检查结果</td><td colspan="5">施工员：
质检员：　　　　年　月　日</td></tr>
<tr><td colspan="4">监理(建设)单位验收结论</td><td colspan="5">专业监理工程师：
(建设单位项目专业技术负责人)
年　月　日</td></tr>
</table>

装配式结构预制构件检验批质量验收记录 **表 6.8-17**

单位(子单位)工程名称					
分部(子分部)工程名称			分项工程名称	装配式结构	
施工单位		项目负责人		检验批容量	
分包单位	/	分包单位项目负责人	/	检验批部位	
施工依据			验收依据		

验收项目					设计要求及规范规定	最小/实际抽样数量		检查记录	检查结果
主控项目	1	预制构件的质量			第 9.2.1 条		/		
	2	预制构件结构性能检验			第 9.2.2 条		/		
	3	预制构件的外观质量不应有严重缺陷,且不应有影响结构性能和安装及使用功能的尺寸偏差			第 9.2.3 条		/		
	4	预埋件、预留插筋、预埋管线等的规格和数量以及预留孔、预留洞的数量应符合设计要求			第 9.2.4 条		/		
一般项目及允许偏差	1	预制构件应有标识			第 9.2.5 条		/		
	2	预制构件的外观质量不应有一般缺陷			第 9.2.6 条		/		
	3	长度	楼板、梁、柱、桁架	<12m	±5mm		/		
				≥12m 且<18m	±10mm		/		
				≥18m	±20mm		/		
			墙板		±4mm		/		
	4	宽度、高(厚)度	楼板、梁、柱、桁架		±5mm		/		
			墙板		±4mm		/		
	5	表面平整度	楼板、梁、柱、墙板内表面		5mm		/		
			墙板外表面		3mm		/		
	6	侧向弯曲	楼板、梁、柱		$L/750$ 且≤20 (L=____ mm)		/		
			墙板、桁架		$L/1000$ 且≤20 (L=____ mm)		/		

续表

验收项目				设计要求及规范规定	最小/实际抽样数量		检查记录	检查结果
一般项目及允许偏差	7	翘曲	楼板	L/750 (L=____mm)		/		
			墙板	L/1000 (L=____mm)		/		
	8	对角线	楼板	10mm		/		
			墙板	5mm		/		
	9	预留孔	中心线位置	5mm		/		
			孔尺寸	±5mm		/		
	10	预留洞	中心线位置	10mm		/		
			洞口尺寸、深度	±10mm		/		
	11	预埋件	预埋板中心线位置	5mm		/		
			预埋板与混凝土面平面高差	0，−5mm		/		
			预埋螺栓	2mm		/		
			预埋螺栓外露长度	+10mm， −5mm		/		
			预埋套筒、螺母中心线位置	2mm		/		
			预埋套筒、螺母与混凝土面平面高差	±5mm		/		
	12	预留插筋	中心线位置	5mm		/		
			外露长度	+10mm， −5mm		/		
	13	键槽	中心线位置	5mm		/		
			长度、宽度	±5mm		/		
			深度	±10mm		/		
	14	预制构件粗糙面质量及键槽的数量应符合设计要求		第 9.2.8 条		/		
施工单位检查结果	自检合格 施工员： 质检员：　　　　年　月　日							
监理(建设)单位验收结论	 专业监理工程师： (建设单位项目专业技术负责人)　　　　年　月　日							

注：L 为构件长度（mm）。

引用标准、规范、图集名录

1 《建设工程监理规范》GB/T 50319—2013
2 《混凝土结构工程施工质量验收规范》GB 50204—2015
3 《装配式混凝土建筑技术标准》GB/T 51231—2016
4 《水泥基灌浆材料应用技术规范》GB/T 50448—2015
5 《装配式混凝土结构技术规程》JGJ 1—2014
6 《预制带肋底板混凝土叠合楼板技术规程》JGJ/T 258—2011
7 《装配式混凝土结构连接节点构造（楼盖和楼梯）》15G310—1
8 《装配式混凝土结构连接节点构造（剪力墙）》15G310—2
9 《预制混凝土剪力墙外墙板》15G365—1
10 《预制混凝土剪力墙内墙板》15G365—2
11 《预制钢筋混凝土阳台板、空调板及女儿墙》15G368—1
12 《预制钢筋混凝土板式楼梯》15G367—1
13 《装配式混凝土结构表示方法及示例（剪力墙结构）》15G107—1
14 《北京市预制混凝土构件质量控制标准》DB11/T 1312—2015
15 《装配式建筑评价标准》GB/T 51129—2017
16 《装配式住宅建筑检测技术标准》JGJ/T 485—2019
17 《装配式混凝土结构工程施工与质量验收规程》DB42/T 1225—2016